Molekültanz

Lernspiele für Chemie

Klasse 5–10

Andreas G. Harm

Cornelsen

Der Autor
Andreas G. Harm ist Fachlehrer für Chemie und Englisch an einer Realschule in Siegen sowie Fachleiter am ZfsL Siegen und Autor mehrfacher Veröffentlichungen.

Projektleitung: Hannah Feyen, Berlin
Redaktion und Sachzeichnungen: Stefan Giertzsch, Werder (Havel)
Umschlagkonzept/-gestaltung: Ungermeyer, Berlin
Layout / technische Umsetzung: LemmeDESIGN, Berlin

www.cornelsen.de

1. Auflage 2019

Druck: H. Heenemann, Berlin

ISBN 978-3-589-16513-1

Inhalt

Nr.	Seite	Klasse	Spiel	Spielform	Ziel	Dauer
RATESPIEL						
18	35	7–10	Der Chemie-Drehwurm	Ratespiel	Wissensicherung	20–40 min
19	38	5–10	Geheimnisvolle Stoffe	Ratespiel	Stoffe erkennen	10–30 min
20	40	5–10	Besserwisser	Quiz	Wissensüberprüfung	20–35 min
21	43	7–10	Streng verboten!	Kommunikationsspiel	Fachbegriffe erklären	5–20 min
22	46	7–10	Teamwork	Assoziationsspiel	Chemische Begriffe in einen Kontext fassen	5–10 min
23	47	8–10	Pferderennen	Computer-App	Richtigkeit von Aussagen erkennen	10–15 min
BRETTSPIELE						
24	48	8–10	Elemente-Schatzsuche	Brettspiel	Besseres Kennenlernen des PSE	15–20 min
25	50	9–10	Die Chemie-Pyramide	Brettspiel	Wissensüberprüfung	30–45 min
26	54	7–10	Labormaster	Brettspiel	Wissensüberprüfung	30–45 min
MOLEKÜLAUFBAU						
27	71	7–10	Steinreich	Molekülbau	Bildung von Molekülen	10–20 min
KARTENSPIEL						
28	74	9–10	Wer wird Cheminator?	Kartenspiel	Anwendung von Chemiewissen	30–50 min

Die hier vorgenommene Klassifizierung der Spiele erhebt keinen Anspruch auf Vollständigkeit und einer genauen Abgrenzung, sondern dient lediglich der besseren Übersichtlichkeit und einer schnellen Einordnung in Ihren Unterricht.

Die angegebenen Angaben zu den jeweiligen Klassenstufen haben empfehlenden Charakter und beziehen sich auf einen schwerpunktmäßig besonders geeigneten Einsatz. Unter Berücksichtigung der konkreten Bedingungen innerhalb der Lerngruppe, der fachlichen Inhalte, der Differenzierungsanforderungen, des gewünschten Schwierigkeitsgrades und Umfanges usw. können die vorgestellten Spiele angepasst, konkretisiert und modifiziert werden und somit für jede Jahrgangsstufe genutzt werden.

Vorwort

Zweifelsfrei bergen Spiele im Unterricht das große Potential, dass sich Schüler durch eine hohe intrinsische Motivation mit einer Fachthematik intensiver beschäftigen. Der große Vorteil hierbei ist, dass dies nicht durch stures Pauken, Wiederholen und Üben geschieht, sondern dass spielerische Elemente auch den emotionalen Bereich erreichen. Beim Spielen wird u. a. Glück, Pech, Freude, Eifer und kreatives Denken hervorgerufen. Damit kann also im Spiel der Schüler viel ganzheitlicher erreicht werden als nur durch Lesen, Zuhören, Schreiben und Rezitieren. Gleichzeitig entwickeln sich notwendige soziale und kommunikative Kompetenzen und sind damit keineswegs nur Zeitvertreib, sondern tragen in ihrem multiplen Zugang zu Geist und Körper zur Bildung und Erziehung der Menschen in sozialen Interaktionen bei.

Spiele im Chemieunterricht sollen somit den Geist (Verstand), das Herz (Emotionen), den Körper (Motorik) und das Sozialwesen (im Miteinander und fairen Wettkampf) fördern. Dies findet sich in diesem Spieleband wieder: Es werden die unterschiedlichsten Fachthematiken aufgegriffen (von Stoffeigenschaften bis hin zu organischen Molekülen), im Kampf um Punkte bringt sich jeder Schüler mit seinen Emotionen ein, die Motorik wird in Bewegungsspielen (wie die Bildung von Molekülen) gefordert und einige Spiele, die Zusammenarbeit benötigen, unterstützen die Fähigkeit, sozial zu interagieren.

Damit Sie schnell und einfach Zugang zu den Spielen erhalten, hier hilfreiche Hinweise:

- **Übersicht** (S. 4/5): Hier sehen Sie die Spiele auf einen Blick und können so schnell eine Auswahl nach ihrem Interesse treffen.
- **Informationen:** Zu jedem Spiel finden Sie die Spielform, den möglichen Unterrichtskontext, intendierte Kompetenzen, die einzuplanende Zeit, die Spieleranzahl pro Spielgruppe, das notwendige Material, Hinweise zur Vorbereitung und den Spielablauf.
- **Vorbereitung:** Einige Spiele lassen sich aus dem Stegreif spielen, für andere finden Sie neben dem Hinweis, welche Vorbereitungen zu treffen sind, notwendige Kopiervorlagen. Wenn Sie diese Vorlagen laminieren, werden Sie länger etwas davon haben. Je nach Ihren Bedürfnissen könnte es auch von Vorteil sein, wenn Sie manche Spielkarten beim Kopieren vergrößern.
- **Materialien:** Zu jedem Spiel erhalten Sie eine Übersicht über notwendige Materialien. Wenn Sie ein Würfelspiel wählen, sind sogenannte Flüsterwürfel zu empfehlen, um bei mehreren Gruppen, um den Lärmpegel nicht zusätzlich durch Würfelgeräusche zu erhöhen.
- **Spielerklärung:** Es empfiehlt sich, die Spielerklärung („Ablauf") nicht nur vorzulesen, sondern auch schriftlich parat zu haben (entweder auf Folie, Tafel oder als Kopie). Das vermeidet sich wiederholende Rückfragen. Auch das Spielen einer exemplarischen Spielrunde kann Unklarheiten beseitigen.
- **Variationen:** Die meisten Spiele lassen sich noch variieren. Hinweise dazu finden Sie auf jeder Spielerklärung. Ihrer Phantasie sind aber keine Grenzen gesetzt. Lassen Sie sich anregen, mit eigenen Ideen die Spiele zu bereichern.

Ich wünsche Ihnen und Ihren Schülern viel Freude, Chemie spielend einfach zu entdecken und zu erfahren!

Chemische Partnersuche

Spielform	Zuordnungsspiel
Unterrichtskontext	Einführung in die Chemie/Säuren-Basen
Kompetenzschwerpunkt	Fachwissen (Sachverhalte zuordnen)
Zeit	10–15 min
Spieler	2 bis 3
Material	Pärchen-Karten

VORBEREITUNG

- pro Gruppe ein Kartenset auf buntem Papier / Kartonpapier kopieren und ausschneiden

ABLAUF

1. Die Karten werden gemischt und verdeckt auf den Tisch gelegt.
2. Der erste Spieler deckt eine Karte auf, liest sie vor und deckt eine zweite Karte auf. Passt sie zum ersten Begriff, darf der Spieler die nächsten Karten ziehen. Dies geschieht solange, bis kein passendes Pärchen aufgedeckt wird.

Grafik: Stefan Giertzsch

VARIATIONEN

- Anstatt Begriffe Bilder und Begriffe verwenden (z. B. Laborgeräte und ihre Namen).
- Die Pärchen-Karten für ein Wettbewerbsspiel nutzen: 2 Gruppen mit je einem Kartenset. Der erste Schüler jeder Gruppe holt sich eine Karte von einem Stapel, der vor der Tafel liegt und heftet sie an die Tafel. Er rennt zurück zu seiner Gruppe, der nächste Schüler rennt zum Stapel, wählt den passenden Begriff dazu und heftet ihn daneben – solange, bis alle Begriffe an der Tafel hängen. Am Schluss werden die Lösungen der beiden Gruppen verglichen.

KARTEN ZUM THEMA SÄUREN – LAUGEN – BASEN

Säure	Protonen-spender	Base	Protonen-empfänger
Wasser	H_2O	Salzsäure	HCl
Natronlauge	NaOH	Natrium-chlorid	NaCl
pH-Wert = 7	neutral	pH-Wert < 7	sauer
pH-Wert > 7	alkalisch	Säure + Lauge →	Salz + Wasser →
Hydroxid-Ion	OH^-	Proton	H^+
Metalloxid + Wasser →	Lauge	Nichtmetall-oxid + Wasser →	Säure

Autor: Andreas G. Harm • Molekültanz • Lernspiele für Chemie • Klasse 5–10

KARTEN ZUM THEMA LABORGERÄTE

Trichter	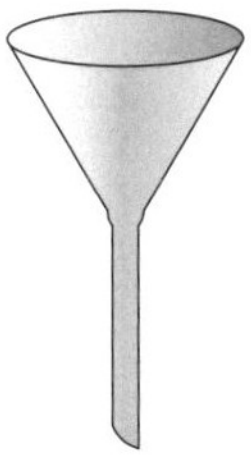	Reagenzglas	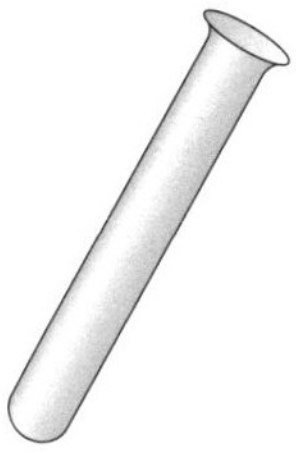
Gasbrenner	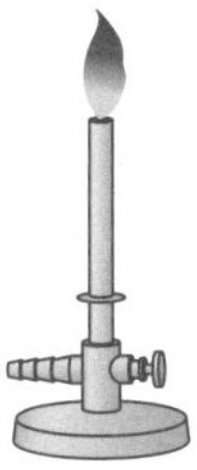	Becherglas	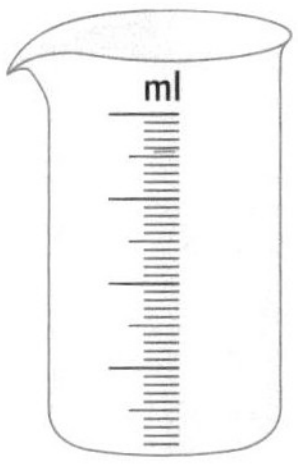
Stativ	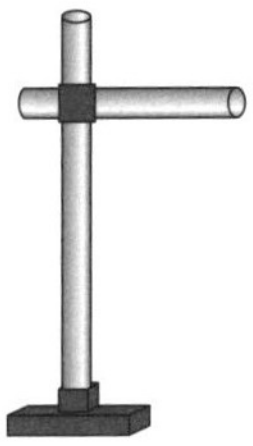	Stativ-klemme	
Spatel		Mess-zylinder	
Erlenmeyer-kolben	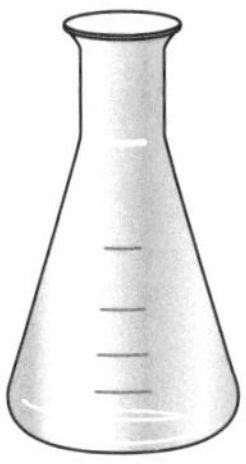	Rundkolben	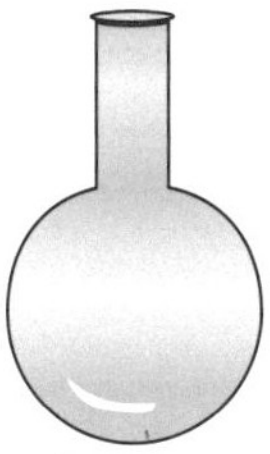
Tropfpipette		Tiegelzange	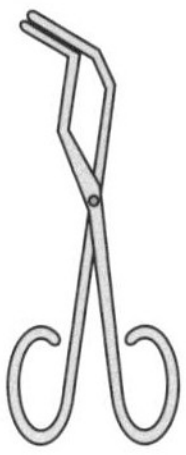
Mörser mit Pistill		Reagenzglas-klammer	

Würfelmania 1

Spielform	Zuordnungsspiel
Unterrichtskontext	Einführung in die Chemie/Säuren-Basen
Kompetenzschwerpunkt	Fachwissen (Fakten erläutern)
Zeit	10–20 min
Spieler	ab 3
Material	Würfel

VORBEREITUNG

- Die Kopiervorlagen (Würfel) mit Begriffen versehen.
- Pro Spielgruppe ein Würfelset ausschneiden und zusammenkleben.
- Die Kopiervorlage (Würfel) kann zum Beispiel mit folgenden Begriffen beschriftet werden:
  Würfel 1 (Säuren): HCl – H_3PO_4 – H_2SO_4 – H_2CO_3 – HNO_3 – CH_3COOH (Essigsäure)
  Würfel 2 (Laugen): KOH – $NaOH$ – $Ca(OH)_2$ – $Ba(OH)_2$ – $Mg(OH)_2$ – NH_4OH

ABLAUF

1. Jede Spielgruppe erhält ein Set von 2 Würfeln und die Aufgabenstellung
   Beispiel: *„Benenne die entstehenden Produkte aus den gewürfelten Kombinationen."*
2. Jeder Spielgruppe bestimmt einen Spielleiter, der die Lösungen der Aufgaben erhält und die Punktezahl notiert.
3. Ein Spieler würfelt beide Würfel und nennt die entstehenden Produkte.
4. Pro richtig genanntes Produkt erhält der Spieler einen Punkt

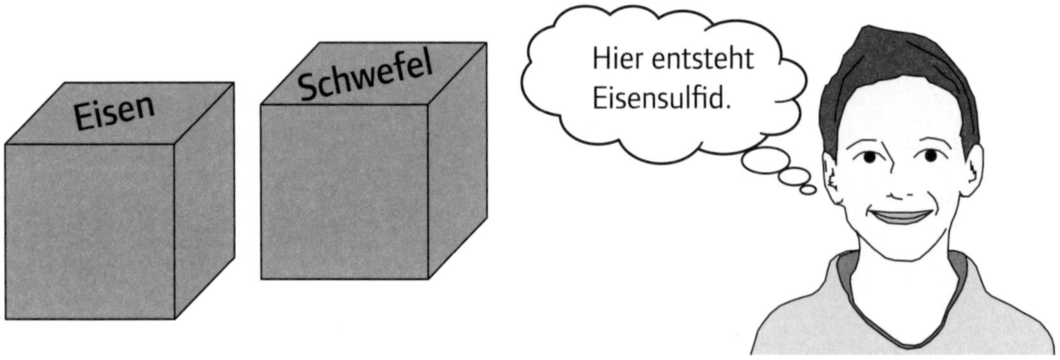

Grafik: Stefan Giertzsch

VARIATIONEN

- Der Spielleiter würfelt mehrmals und die Mitspieler notieren sich die Produkte.
- Statt Formeln können auch Worte auf die Würfel geschrieben werden.

KOPIERVORLAGE WÜRFEL

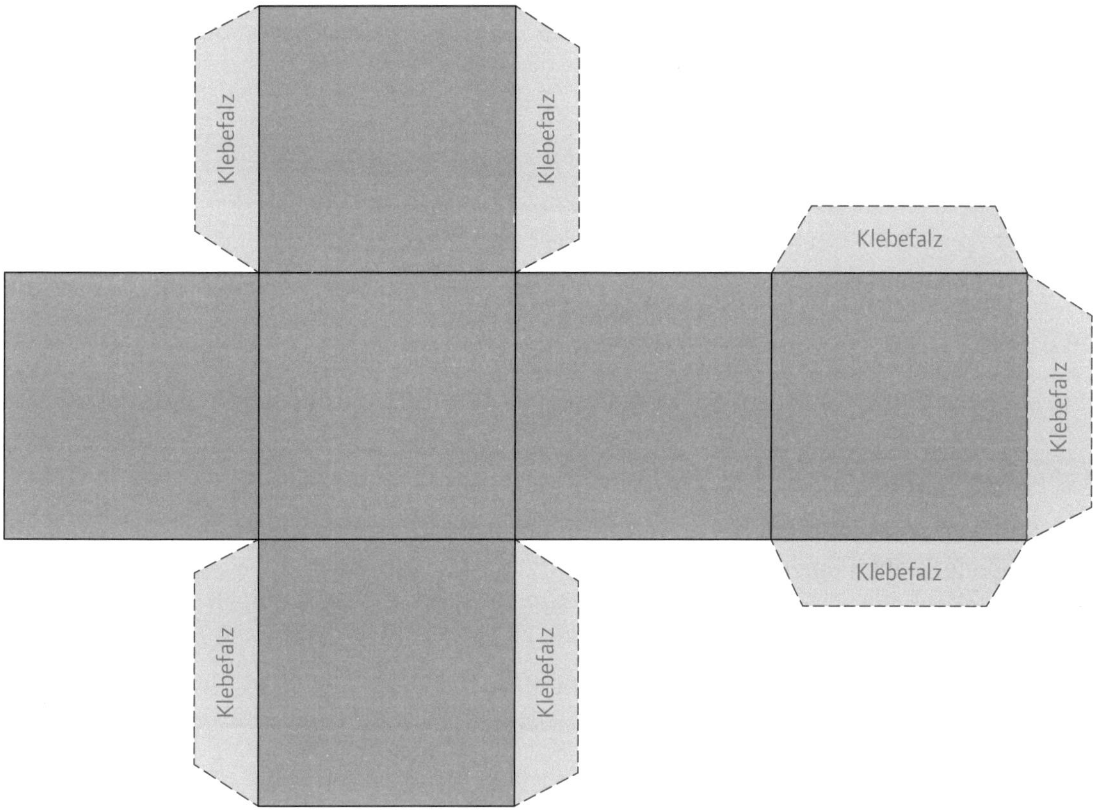

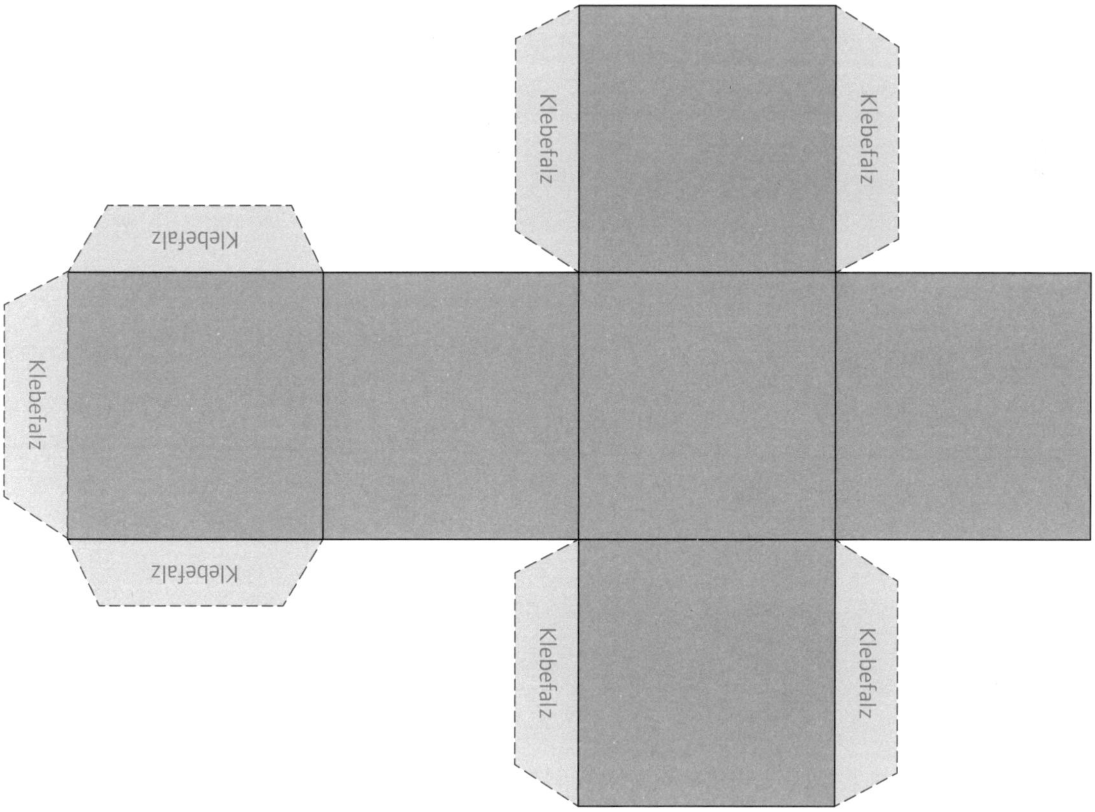

Autor: Andreas G. Harm • Molekültanz • Lernspiele für Chemie • Klasse 5–10 • Grafik: Stefan Giertzsch

Die Chemieschlange

Spielform	Legespiel
Unterrichtskontext	Chemische Reaktion
Kompetenzschwerpunkt	Fachwissen (Sachverhalte zuordnen)
Zeit	10–15 min
Spieler	2–4 Personen/Spieleset
Material	Spielkarten zum Thema *Chemische Reaktion* (vergrößert auf farbiges Papier kopieren)

VORBEREITUNG

- Pro Spielergruppe 1 Kartenset auf buntem Papier / Kartonpapier kopieren und ausschneiden

ABLAUF

1. Die Spielkarten werden mit der Schrift nach unten auf dem Tisch gemischt.
2. Jeder Spieler zieht 3 Spielkarten.
3. Die Spieler sehen sich ihre Karten an. Der Spieler mit den meisten Buchstaben „a“ auf einer seiner Karten legt die erste Karte.
4. Im Uhrzeigersinn darf der nächste Spieler eine Karte ablegen, sofern er dies kann.
5. Kann ein Spieler nicht an ein Kartenfeld anlegen, muss er eine neue Karte ziehen und darf es in der nächsten Runde nochmal probieren.
6. Wer zuerst alle seine Karten gelegt hat, ist der Gewinner.

SPIELKARTEN ZUM THEMA CHEMISCHE REAKTION

Aktivierungs-energie	Ein Stoff, der eine Reaktion beschleunigt oder in Gang setzt, dabei aber nicht verändert wird.	Katalysator	Cl, S, O, Na, Fe, Zn
Element-Symbole	Zinksulfid, Eisenoxid, Natrium-chlorid	Verbindungen	Reaktion, bei der Energie in Form von Wärme oder/und Licht abgegeben wird
Exotherme Reaktion	Kristallisation von Salz aus Salzwasser	Keine chemische Reaktion, weil kein neuer Stoff entsteht	Zitronensaft in Milch
Eiweiß gerinnt und flockt aus	Essig und Backpulver	Es entsteht Kohlenstoff-dioxid	Endotherme Reaktion
Energie wird aufgenommen	Entzündungs-temperatur	Notwendige Temperatur, damit sich ein Stoff an Luft entzündet	Kohlenstoff-dioxid
Verbrennungs-produkt von organischen Stoffen	Popcorn	Reaktions-produkt nach Erhitzen von Mais	Asche
Festes Verbren-nungsprodukt bei Grillkohle	Ausgangstoff bei einer chemischen Reaktion	Edukt	Stoff, der bei einer chemischen Reaktion entsteht

SPIELKARTEN ZUM THEMA CHEMISCHE REAKTION

Produkt	Rosten von Eisen in Gegenwart von Salzwasser und Aktivkohle	Wärmekissen	Oxide
Reaktions-produkte bei Reaktionen mit Sauerstoff	Sulfide	Reaktions-produkte bei Reaktionen mit Schwefel	Reduktion
Chemische Reaktion, bei der Sauerstoff entzogen wird	Magnesia	Oxid des Magnesium	Salzwasser
Fördert das Rosten eines Eisen-gegenstandes	Produkt nach Reduktion von Wasserstoff-peroxid	H_2O	Entzünden einer Wunderkerze
Beispiel einer exothermen Reaktion	Aktivierung eines Kühlpacks	Endothermer Lösungsvorgang	Entstehung neuer Stoffe mit neuen Eigenschaften
Kennzeichen einer chemischen Reaktion	Produkt bei der Reaktion von Salzsäure mit Zink	Wasserstoff	Analyse
Trennung einer Verbindung	Synthese	Bildung eines neuen Stoffe aus 2 oder mehreren Edukten	Energie, die aufgewendet werden muss, um eine Reaktion in Gang zu setzen

Autor: Andreas G. Harm • Molekültanz • Lernspiele für Chemie • Klasse 5–10

Die magischen Dreiecke

Spielform	Legespiel
Unterrichtskontext	Oxidation und Reduktion
Kompetenzschwerpunkt	Fachwissen (Fakten erläutern)
Zeit	10–20 min
Spieler	1–4
Material	Dreiecke-Puzzle als Einzelteile; Lösung zur Überprüfung

VORBEREITUNG

- Pro Spieler oder Spielergruppe 1 Kartenset an Dreiecken zum Thema Oxidation und Reduktion kopieren und ausschneiden.
- Die Blankovorlagen zu selbst gewählten Themen passend ausfüllen, kopieren und ausschneiden.

ABLAUF

1. Jede Spielgruppe erhält ein Kartenset an Dreiecken.
2. Jede Spielgruppe versucht die Begriffe richtig zuzuordnen. Dabei müssen zusammengehörige Begriffe direkt aneinander liegen. Alle Dreiecke müssen am Schluss entweder ein großes Dreieck (s. Beispiel Redoxreaktionen) oder einen Stern (s. Blankovorlage S. 19) darstellen.

Beispiel: Redoxreaktionen

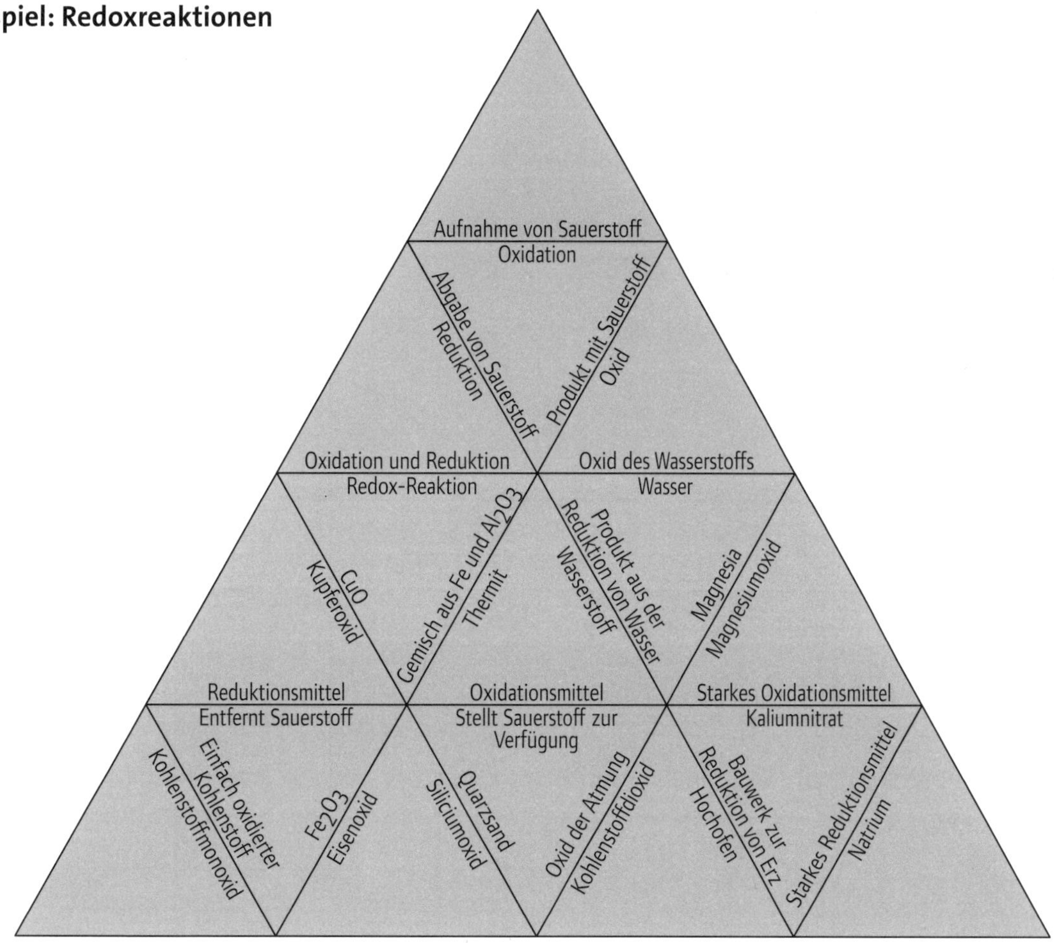

Grafik: Stefan Giertzsch

BLANKODREIECKE

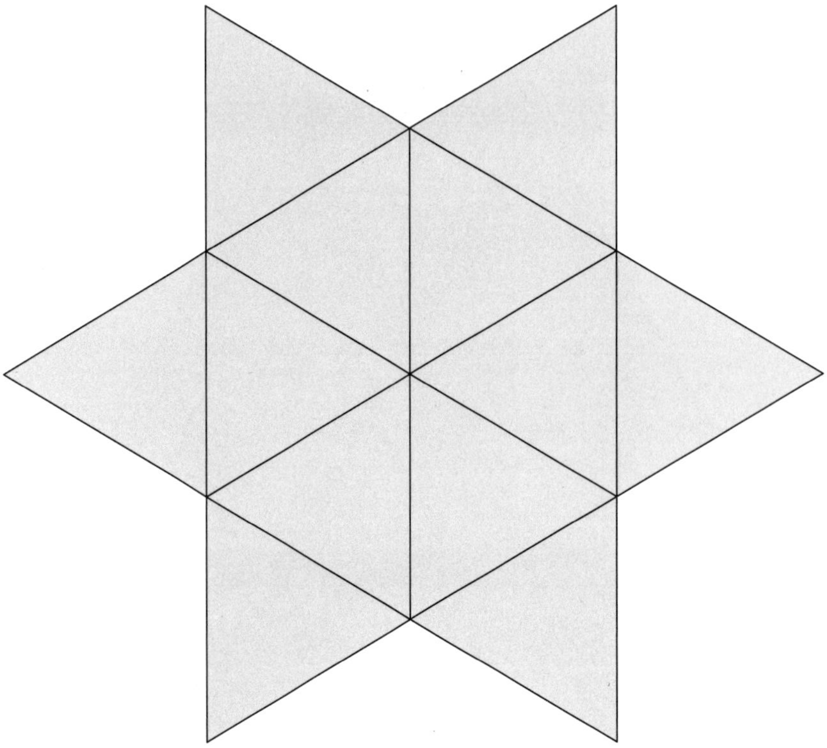

Autor: Andreas G. Harm • Molekültanz • Lernspiele für Chemie • Klasse 5–10 • Grafik: Stefan Giertzsch

Puzzle

Spielform	Legespiel
Unterrichtskontext	Laborgeräte; Stofftrennung; Elektrochemie
Kompetenzschwerpunkt	Erkenntnisgewinnung (bewusstes Wahrnehmen)
Zeit	10–20 min
Spieler	ab 2
Material	Puzzle

VORBEREITUNG

- Pro Spieler bzw. Spielgruppe die Puzzleteile kopieren (eventuell vergrößert).
- Ein Lösungsbild vergrößert kopieren. Es dient zum Vergleich oder als Hilfekarte.

ABLAUF

1. Jeder Spieler oder Spielgruppe erhält ein Set an Puzzleteilen.
2. In möglichst schneller Zeit sollen die Schüler das Puzzle zu einem sinnvollen Gesamtbild legen.
3. Der gepuzzelte Gegenstand wird schriftlich benannt oder die Versuchsapparatur beschrieben.

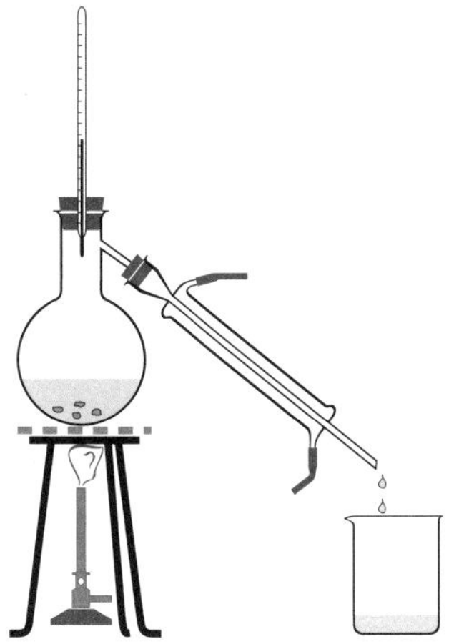

1. Destillationsapparatur

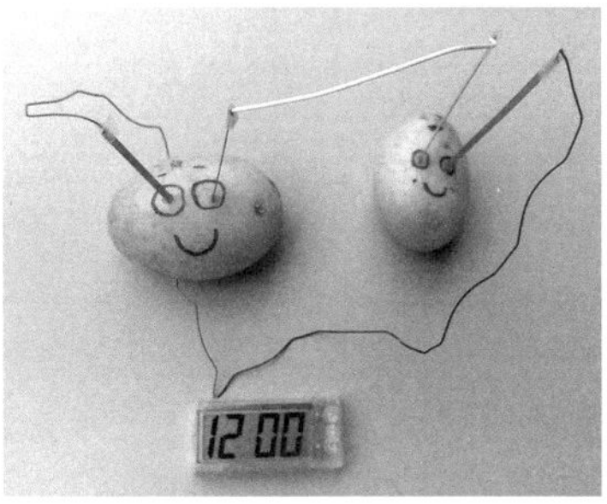

2. Kartoffel- oder Zitronenbatterie

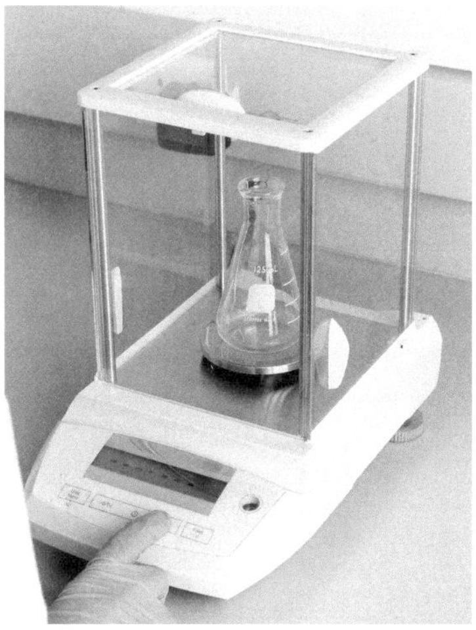

3. Das Abwiegen eines Stoffes

Grafik: Stefan Giertzsch • Fotos: Andreas G. Harm (Mitte); Shutterstock/phloxii (rechts)

PUZZLES

Bild 1

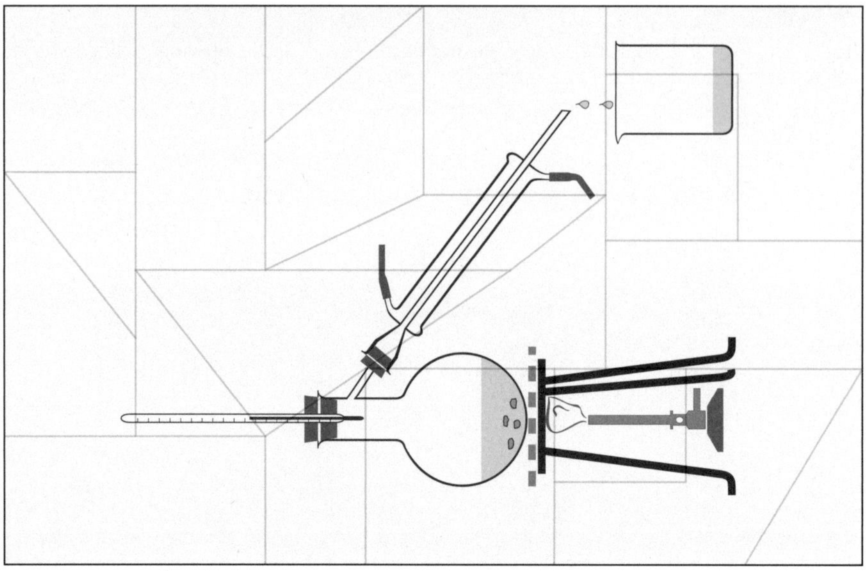

Bild 2

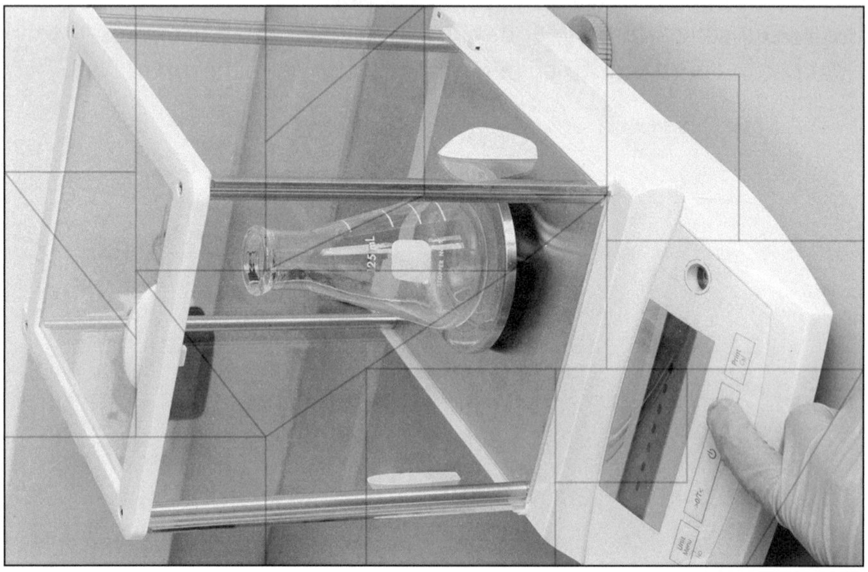

Bild 3

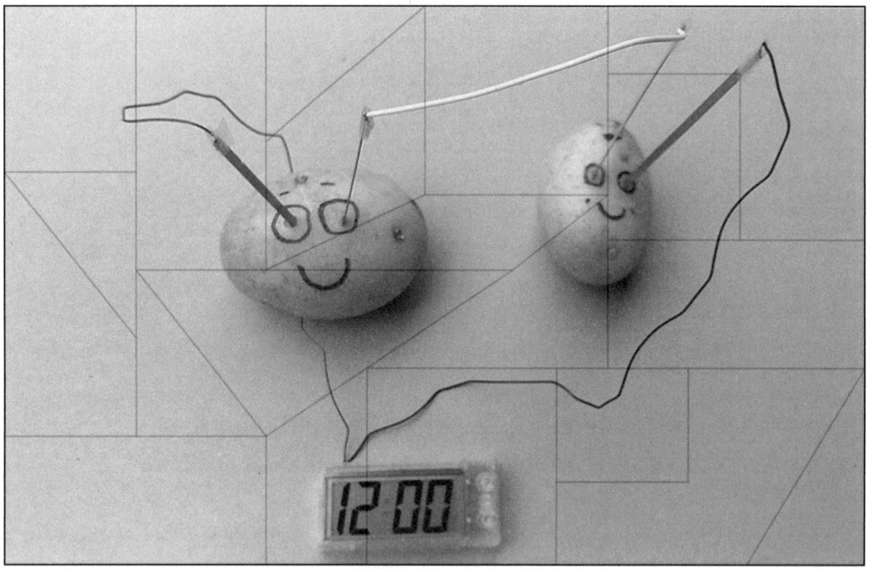

Autor: Andreas G. Harm • Molekültanz • Lernspiele für Chemie • Klasse 5–10 • Grafik: Stefan Giertzsch • Fotos: Shutterstock/phloxii (Mitte); Andreas G. Harm (oben)

Das Auge des Chemikers

Spielform	Gedächtnisspiel
Unterrichtskontext	Salze
Kompetenzschwerpunkt	Kommunikation (Informationen identifizieren)
Zeit	5–10 min
Spieler	ab 2
Material	Tisch mit Alltagschemikalien, Decke

VORBEREITUNG

- Es dient zum Vergleich oder als Hilfekarte eine Sammlung von Alltagschemikalien (z. B. Natron, Gips, gefüllter Salzstreuer, Farbe, Wärmekissen, Düngemittel, Kühlpack, Trocknungsmittel), auf einen Tisch stellen und mit einer Decke zudecken.

ABLAUF

1. Der Spielleiter berichtet, dass er verschiedene Alltagschemikalien mitgebracht hat und die Schüler sie sich genau anschauen und merken sollen.
2. Für 30 bis 60 Sekunden wird die Decke abgehoben.
3. Jeder Spieler muss sich möglichst viele Chemikalien merken. Es ist dabei verboten, irgendwelche Notizen anzufertigen.
4. Der Spielleiter deckt die Chemikalien wieder zu und jeder darf sich die Chemikalien, die er sich gemerkt hat, notieren.
5. Die Chemikalien werden wieder aufgedeckt und es wird im Plenum oder in Partnerkontrolle überprüft wie viele Chemikalien gemerkt wurden.
6. Pro Produkt gibt es 1 Punkt, wird die Chemikalie genannt 2 Punkte extra (z. B. Gips – 1 Punkt; Calciumsulfat + 2 Punkte)

VARIATIONEN

- Die Realien mit einer Dokumentenkamera für alle sichtbar an die Wand projizieren.
- Anstatt von Realien eine Folie mit Bildern der Chemikalien projizieren.
- Formeln der Chemikalien merken lassen – bei Verknüpfung mit einem Alltagsprodukt gibt es 2 Punkte extra.

Laborpacker

Spielform	Gedächtnisspiel
Unterrichtskontext	Laborgeräte
Kompetenzschwerpunkt	Kommunikation (Zuhören und Wiedergeben)
Zeit	5–10 min
Spieler	ab 5
Material	—

VORBEREITUNG

- Bildung eines oder mehrerer Sitzkreise

ABLAUF

1. Der Spielleiter erzählt, dass er für einen Umzug in ein neues Labor Sachen (Laborgeräte und Chemikalien) aus dem Chemieunterricht einpacken muss.
2. Jeder Spieler nennt nun 1 Sache aus dem Labor und wiederholt dabei, was die vorherigen Spieler eingepackt haben.
3. Vergisst ein Spieler eine Sache bzw. braucht länger als 10 Sekunden, um sie zu nennen, scheidet er aus und zeichnet alle Sachen, die im Laufe des Spiels genannt werden.
4. Das Spiel endet, wenn nur noch 1 oder 2 Spieler übrigbleiben.

Beispiel

Spieler 1: *„Ich komme aus dem Labor und bringe mit: einen Erlenmeyerkolben."*
Spieler 2: „Ich komme aus dem Labor und bringe mit: einen Erlenmeyerkolben und einen Gummistopfen."
Spieler 3: *„Ich komme aus dem Labor und bringe mit: einen Erlenmeyerkolben, einen Gummistopfen und ein Glasrohr."*
Spieler 4: usw.

VARIATIONEN

- Nur Geräte oder nur Chemikalien nennen lassen.
- Anstatt von Realien eine Folie mit Bildern der Chemikalien projizieren.
- Jeder überlegt sich im Voraus eine Sache und zeichnet sie. Jeder darf, wenn er dran ist, sein Bild zeigen, muss aber die schon gezeigten Sachen benennen.

Blind Date

Spielform	Gedächtnisspiel
Unterrichtskontext	Stoffe
Kompetenzschwerpunkt	Kommunikation (Erkennen und Beschreiben)
Zeit	5–20 min
Spieler	Tischgruppe bis 6 Personen
Material	Laborgeräte oder Moleküle, Decke oder Kiste mit handgroßer Öffnung, Zettel und Stift

VORBEREITUNG

- Sammlungen von Gegenständen (Beispiele s. u.) erstellen und in Kisten packen.
- Jede Kiste mit einer Öffnung versehen, in die ein Arm greifen kann.
- Alternativ Tische mit Gegenständen decken und mit einem Tuch abdecken.

ABLAUF

1. In einer Kiste oder unter einer Decke liegen ca. 8–10 Gegenstände, die in möglichst kurzer Zeit erraten werden sollen.
2. Jeder greift mit einer Handunter die Decke und erfühlt die Gegenstände.
3. Sobald ein Spieler sicher ist, um was es sich handelt, schreibt er den Begriff auf.
4. Sobald alle Gegenstände erraten sind, gibt der Spieler seinen Zettel ab.
5. Punktverteilung: Jeder erhält 500 Punkte. Pro Sekunde, die früher als 5 Minuten abgegeben wird, gibt es 1 Punkt Abzug. Für jeden richtig genannten und korrekt geschriebenen Gegenstand gibt es 10 Punkte; bei falscher Schreibweise 2 Punkte Abzug.

Beispiele von Gegenständen

Laborgeräte – Moleküle aus dem Molekülbaukasten – beim Thema Stoffeigenschaften verschiedene Kugeln (z. B. Glas, Gummi, Kunstostoff, Holz, Styropor) oder Stoffe (z. B. Wolle, Synthetik, Microfaser, Plastik, Schmirgelpapier) – beim Thema Stoffgemische verschiedene Reinstoffe ertasten – beim Thema Organische Chemie Kohlenwasserstoffmoleküle mit funktionellen Gruppen

VARIATION

- Verschiedene Tische mit verschiedenen Fühlaufgaben. Die Spiele von einem Tisch zum anderen dementsprechend die Zeit und Punkte anpassen (pro Tisch 5 Minuten und 500 Punkte).

Molekültanz

Spielform	Rollenspiel
Unterrichtskontext	Chemische Reaktionen
Kompetenzschwerpunkt	Kommunikation (Teamarbeit)
Zeit	10–15 min
Spieler	ab 8
Material	Schilder mit Elementsymbolen, Schilder mit Pfeilen und +-Zeichen

VORBEREITUNG

- Pro Spieler 1 DIN-A4-Plakatkarton mit einem Elementsymbol oder Reaktionspfeil erstellen. Eventuell jedes Schild mit 2 Löchern versehen und eine Schnur daran verknoten. So können sich die Spieler die Kartons umhängen.

ABLAUF

1. Jeder Spieler erhält ein Schild mit einem Elementsymbol (zum Umhängen oder alternativ als Button oder auf einem Klebezettel).
2. Der Spielleiter nennt eine chemische Reaktion.
3. Nach Nennung der chemischen Reaktion müssen die Spieler sich zusammenfinden als Edukte, Pfeil und Produkte.
4. Die Spieler stellen sich nebeneinander auf, sodass man eine Reaktionsgleichung lesen kann.

Beispiel: Verbrennung von Wasserstoff

- 2-mal 2 Schüler mit je einem H-Schild, die sich an der Hand halten;
- 2 Schüler mit je einem O-Schild, die sich an der Hand halten;
- 1 Schüler mit einem Reaktionspfeil;
- 2-mal 3 Schüler, die sich an der Hand halten 2H + 1O

VARIATIONEN

- Anstatt Elementsymbole werden Stoffgruppen/Wörter benutzt, um allgemeine Gleichungen zu verwenden (z. B. Metall + Säure → Salz oder Säure + Lauge → Salz oder Nichtmetalloxid + Wasser → Säure).
- Anstatt Einzelsymbole werden die Formeln der Verbindungen verwendet (z. B. $NaOH + HCl \rightarrow NaCl + H_2O$).

Chemie-TV

Spielform	Rollenspiel
Unterrichtskontext	Umgang mit Ressourcen
Kompetenzschwerpunkt	Kommunikation (Informationen umsetzen)
Zeit	45–60 min
Spieler	ab 8
Material	Mikrofon, Recherchemedien, Experimentalgeräte/-chemikalien

VORBEREITUNG

- Jeder Rolle zu einer ausgewählten Thematik Informationen zur Verfügung stellen oder Stichworte zur Internetrecherche an die Hand geben.
- Karteikarten an die Diskussionsteilnehmer verteilen. Auf diesen sollen Stichpunkte/Argumente für die Diskussion geschrieben werden.
- Damit die Zuhörer sofort die Rollen zuordnen, können für jeden Diskussionsteilnehmer ein Namens- bzw. Rollenschild erstellt und bei der Diskussion vor die Person gestellt werden.

ABLAUF

In einer fiktiven TV-Talkshow vertreten verschiedene Spieler unterschiedliche Meinungen.

1. Die Spielteilnehmer werden unterteilt in: Moderator, Chemiker, Umweltschützer, Industrieller, Journalist, Hausfrau.
2. Jeder erhält 10–15 Minuten Zeit, sich Argumente für seine Rolle zu überlegen. Alternativ gehen die Spieler auf Internetrecherche.
3. Die Spieler treffen sich nach der Vorbereitungszeit in einer Runde und diskutieren.
4. Alle anderen Schüler sind Zuhörer und geben nach der Diskussion ihr Votum ab.

Beispiel-Behauptungen

1. Durch die Verbrennung fossiler Brennstoffe wird die Erde immer leichter.
2. Durch O2-Getränke nehmen wir so viel Sauerstoff zu uns, dass wir immer fitter werden.
3. Biogas ist der Treibstoff der Zukunft.
4. Saure Putzmittel sollten abgeschafft werden.

VARIATION

- Die Schüler, die nicht an der Talkrunde beteiligt sind, führen Experimente zum Thema durch und stellen ihre Ergebnisse in der Talkrunde als Expertengruppe vor.

Lustiger Chemiehandball

Spielform	Bewegungsspiel
Unterrichtskontext	beliebig
Kompetenz-schwerpunkt	Kommunikation (Beschreiben, Informationen umsetzen)
Zeit	10–20 min.
Spieler	mindestens 5
Material	Hand- oder Fußball aus Plastik mit aufgedruckten Feldern. Liste mit Namen der Spieler und mit Notizfeldern (siehe Beispiel).
Vorbereitung	1. Die Felder auf dem Ball mit Begriffen und Aufgaben (s. Beispiel) beschriften. 2. Namen der Spieler in die Liste eintragen.

ABLAUF

1. Die Spieler stellen sich so auf, dass sie sich anschauen können (z. B. im Kreis).
2. Eine Person wird zum Spielleiter gewählt. Er hat die Aufgabe, chemische Begriffe, die die Ballfänger nennen, zu notieren und nach einer festgelegten Zeit STOP zu rufen. Für jeden chemischen Begriff notiert der Spielleiter einen Punkt. Wird ein Begriff genannt, der von dem letzten oder vorletzten Spieler schon genannt wurde, zählt der Begriff nur einen halben Punkt (siehe Beispiel).
3. Der erste Spieler (Werfer) wirft einem beliebigen Mitspieler (Ballfänger) den Ball zu.
4. Der Ballfänger schaut auf das Feld, das er mit seinem rechten Daumen berührt. Der Ballfänger erzählt nun für eine festgelegte Zeit (z. B. 1 Minute), was der Inhalt des Feldes mit Chemie zu tun hat.
5. Nach der festgelegten Zeit wird der Ballfänger zum Werfer und es beginnt wieder mit Schritt 3.
6. Der Spieler mit den meisten Punkten ist der Gewinner.

Beispiel Namensliste

Namen	Chemische Begriffe	Punkte
Andrea	Oxidation, Verbrennung, Explosion	3
Tobias	Metall, Nichtmetall, Reaktion, Legierung	4
Evelyn	Atom, Molekül, Ion, Oxidation	3,5
Oliver	Sublimation, Extraktion, Chromatografie, Explosion, Filtrieren	5

VARIATIONEN

- Das Spiel muss nicht als Wettbewerb mit Punkten gespielt werden, sondern nur so zum Spaß.
- Der Spielleiter erhält eine Liste mit Begriffen (z. B. das Stichwortverzeichnis des Chemiebuches). Fällt ein Begriff davon, setzt er den Namen des Spielers dahinter, um am Ende des Spiels die Punkte für jeden Spieler zusammenzuzählen.
- Es wird sich auf eine Spielrundenzahl geeinigt, sodass jeder 2- oder 3-mal zu Wort kommt.

Beispielbegriffe für die Felder

Grafik: Stefan Giertzsch

Das Erklärspiel

Spielform	Bewegungsspiel
Unterrichtskontext	beliebig
Kompetenzschwerpunkt	Kommunikation (Beschreiben)
Zeit	10–20 min
Spieler	ab 8
Material	vorbereitete Klebezettel

VORBEREITUNG

- Klebezettel mit Begriffen versehen; am besten 10 Zettel mehr als Teilnehmer

ABLAUF

1. Jeder Spieler erhält auf seinen Rücken einen Klebezettel mit einem Begriff.
2. Auf Kommando sucht sich jeder Spieler einen Mitspieler, dem er 3 Fragen stellen darf, um seinen Begriff zu erraten. Hat er ihn nicht erraten, muss er zu einem neuen Mitspieler gehen.
3. Hat der Spieler seinen Begriff erraten, geht er zum Spielleiter und nennt den Begriff. Er erhält einen Punkt, der Spielleiter nimmt den alten Klebezettel ab und heftet einen neuen Klebezettel auf den Rücken.

Mögliche Themen
Laborgeräte – Stoffeigenschaften – Trennverfahren – Säuren – Laugen – Salze – Elemente – Metalle – Nichtmetalle – kleinste Teilchen – organische Stoffe

Mögliche Beispielbegriffe
Zucker – Alkohol – Erdöl – Ester – Kunststoff – Mehl – Methan

VARIATIONEN

- Bei 2 Spielleitern kann man die Rückmeldungen schneller bewältigen.
- Die Klebezettel auf die Stirn heften.

Das rasende Element

Spielform	Bewegungsspiel
Unterrichtskontext	Fachbegriffe zu jedem Thema
Kompetenzschwerpunkt	Kommunikation (Zuhören)
Zeit	15–30 min
Spieler	mehr als 8
Material	zusammengerollte Zeitung

VORBEREITUNG

- Eine Zeitung zusammenrollen und mit Klebeband so umwickeln, dass sie nicht auseinanderfällt.
- Einen großen Stuhlkreis im Raum aufstellen.

ABLAUF

1. Die Spieler sitzen im Kreis.
2. Jeder Spieler wählt sich als Namen ein chemisches Element.
3. Ein Spieler steht in der Mitte des Kreises und tippt mit der Zeitung einen Mitspieler leicht aufs Knie.
4. Der Spieler, der angetippt wird, nennt 2-mal sein eigenes chemisches Element und danach 1-mal den Namen eines weiteren Elementes aus der Runde (z. B. „Helium-Helium-Chlor“).
5. Der Spieler in der Mitte muss nun versuchen, den Spieler mit dem anderen Element (im Beispiel: Chlor) mit der Zeitung anzutippen, bevor auch dieser 2-mal sein eigenes Element und 1-mal ein anderes Element nennt.
6. Gelingt es dem Spieler in der Mitte nicht, das neu genannte Element einem Spieler zuzuordnen oder den Mitspieler nicht rechtzeitig anzutippen, bleibt er in der Mitte.
7. Wird der neu genannte Spieler mit der Zeitungsrolle angetippt bevor er 2-mal seinen eigenen Elemente-Namen und einen weiteren Elemente-Namen geäußert hat, muss er in die Mitte und es geht wieder mit Punkt 3 los.

VARIATION

- Anstatt der Namen der Elemente können auch andere einzuübende Fachbegriffe stehen (z. B. Alkane/Alkene/Alkine/Alkohole, Laborgeräte, Chemikalien etc.).

Atomspiel

Spielform	Simulationsspiel
Unterrichtskontext	Molekülbildung
Kompetenzschwerpunkt	Kommunikation (Kooperation)
Zeit	5–15 min
Spieler	mehr als 8
Material	—

VORBEREITUNG

- Für den Spielleiter eine Übersicht an Molekülen, die er nennen möchte (z. B. NH_3 – CH_4 – H_2O – HCl – CO_2 – CH_3OH – HNO_3 – O_2 – NaOH)

ABLAUF

1. Die Spieler verteilen sich im Raum. Sie bleiben aber nicht stehen, sondern laufen herum.
2. Der Spielleiter nennt ein Molekül (als Name oder Summenformel; z. B. „Ammoniak“ oder „NH_3“).
3. Die Spieler müssen sich nun so schnell wie möglich als Molekül zusammentun, indem sie sich mit der richtigen Anzahl der Personen an den Händen fassen.
4. Die Spieler, die übrigbleiben, weil ihre Anzahl nicht ausreichte um ein Molekül zu bilden, scheiden aus. Sie könnten bis zum Ende des Spiels alle genannten Moleküle als Namen und Summenformel aufschreiben.

VARIATION

- Die Schüler erhalten ein Namensschild mit dem Element, das sie repräsentieren und ordnen sich nach Anweisung (z. B. durch Nennung der Zahlen 2, 3, 4) zu Molekülen.

Ja-Nein-Spiel

Spielform	Wettkampfspiel
Unterrichtskontext	Chemische Reaktion
Kompetenzschwerpunkt	Kommunikation (Zuhören)
Zeit	10–20 min
Spieler	2 Spielgruppen
Material	Liste mit Aussagen, 2 Stühle, 2 Klebezettel

VORBEREITUNG

- 2 Stühle an die Front des Raumes stellen und mit den Klebezetteln „Ja“ und „Nein“ versehen.

ABLAUF

1. Die Spieler werden in 2 Gruppen (à 4–5 Personen) aufgeteilt, die jeweils in einer Reihe stehen.
2. In einigen Metern Entfernung stehen 2 Stühle, die mit JA und NEIN gekennzeichnet sind (Klebezettel).
3. Der Spielleiter liest eine Aussage vor und gibt das Kommando „Chemie und los“. Erst nach dem Kommando dürfen die Spieler losrennen.
4. Jeder Spieler überlegt ob die Aussage richtig oder falsch ist und setzt sich auf den entsprechenden Stuhl.
5. Wer zuerst auf dem richtigen Stuhl sitzt erhält einen Punkt für die Mannschaft.
6. Ist die Aussage falsch und kann der Spieler, der auf dem NEIN-Stuhl sitzt eine Begründung oder Richtigstellung geben, erhält die Mannschaft 2 Punkte.

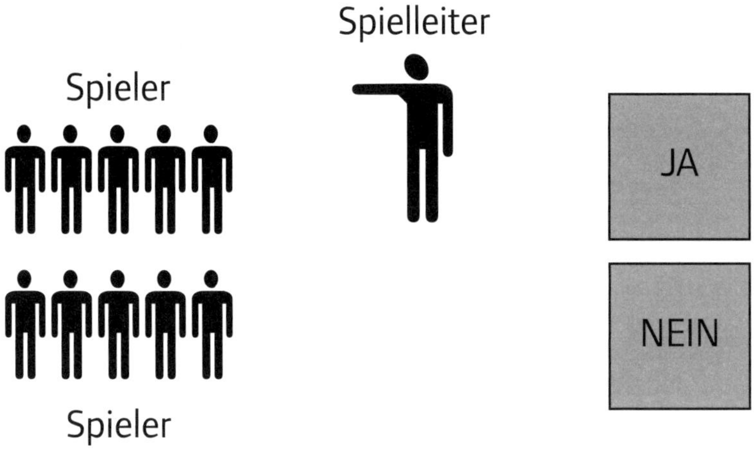

Grafik: Stefan Giertzsch

VARIATION

- Anstatt der Stühle einen weichen Gegenstand (z. B. Softball) auf Entfernung hinlegen. Dieser gilt als JA-Antwort. Oder zwei farbige Magneten mittig an die Tafel heften (z. B. gelb und rot – gelb für JA; rot für NEIN).

BEISPIEL-AUSSAGEN (ZUM THEMA CHEMISCHE REAKTION)

1.	Verbrennen von Holz	JA	
2.	Explosion des Benzin-Luft-Gemisches im Motor des Autos	JA	
3.	Schmelzen von Aluminium		NEIN
4.	Herstellen einer Salzlösung		NEIN
5.	Destillieren einer Fettlösung		NEIN
6.	Trennen von Sand und Wasser		NEIN
7.	Sauerwerden von Milch	JA	
8.	Verdauung von Speisen im Körper	JA	
9.	Erhitzen von blauem Kupfersulfat		NEIN
10.	Brennen von Spiritus	JA	
11.	Gären von Obstsaft	JA	
12.	Feilen von Eisenblech		NEIN
13.	Rosten von Eisenblech	JA	
14.	Sublimieren von Iod		NEIN
15.	Herstellung von Popcorn	JA	
16.	Polieren von Autoblech		NEIN
17.	Silvesterfeuerwerk	JA	
18.	Streusalz auf vereiste Wege streuen		NEIN
19.	Zwei Kabel zusammenlöten		NEIN
20.	Bier brauen	JA	

Chemie-Bingo

Spielform	Schreibspiel
Unterrichtskontext	beliebig
Kompetenzschwerpunkt	Kommunikation (Zuhören)
Zeit	10–20 min
Spieler	ab 2
Material	Bingo-Blankokarten

VORBEREITUNG

- Jedem Spieler eine Blanko-Bingo-Karte zur Verfügung stellen. Alternativ jeden Spieler auf ein Blatt Papier ein Feld mit 9 Kästchen zeichnen lassen.

ABLAUF

1. Jeder Spieler erhält eine Bingo-Karte, auf die er zum Thema passende Begriffe notiert (z. B. Elementsymbole, Laborgeräte, Salze, Alkane ...).
2. Der Spielleiter liest die Begriffe zur Thematik vor.
3. Jeder Spieler kreuzt auf seinem Blatt die genannten Begriffe an.
4. Hat ein Spieler 3 Kreuze waagerecht oder senkrecht oder diagonal, ruft er „Chemie-Bingo“ und hat gewonnen.

Beispiel Bingo-Karte „Stoffeigenschaften“ (die Linien zeigen andere Möglichkeiten auf, wann die Schüler BINGO rufen können)

Geruch ×	Aggregatzustand	Löslichkeit
Geschmack	Elastizität ×	Form
Härte	Brennbarkeit	Magnetisch ×

VARIATION

- Es werden vorgefertigte Bingo-Karten ausgehändigt.
  1. Runde: Wer die erste Reihe angekreuzt hat, ist Gewinner.
  2. Runde: Wer die zweite Reihe angekreuzt hat, ist Gewinner.
  3. Runde: Wer alle angekreuzt hat, ist Gewinner.

Beispiel einer vorgefertigten BINGO-Karte

Fe	O	Ca	Te	B	Kr
Pb	Hg	H	Au	F	Na

KOPIERVORLAGE BINGO-KARTEN

Summen- oder Strukturformeln (am Beispiel Alkane, Alkene, Alkine)

Ethan	Propen	Methan
Butin	Penten	Hexin
Nonen	Decan	Heptan

C_2H6	C_3H_6	CH_4
C_4H_6	C_5H_{10}	C_6H_{10}
C_9H_{18}	$C_{10}H_{22}$	C_7H_{16}

Laborgeräte

Brenner	Trichter	Spatel
Reagenzglas	Stativ	Mörser
Becherglas	Erlenmeyerkolben	Rundkolben

Elemente (BINGO-Variation)

H	He	Li	Be	B	C
N	O	F	Ne	Na	Mg

Al	He	Si	Be	P	C
S	O	Ar	Ne	Cl	Mg

Verbindungen (BINGO-Variation)

Kohlenstoff-dioxid	Wasser	Sauerstoff	Methan	Natrium-chlorid	Schwefel-säure
Natrium-sulfat	Stickstoff	Wasser-stoffperoxid	Kohlen-säure	Calcium-chlorid	Ozon

Natrium-hydroxid	Wasser	Eisenoxid	Methan	Silizium-dioxid	Schwefel-säure
Chlor	Ammoniak	Calcium-sulfat	Stickstoff	Schwefel-dioxid	Kohlen-säure

Würfelmania 2

Spielform	Schreibspiel
Unterrichtskontext	Fachbegriffe
Kompetenzschwerpunkt	Kommunikation (Fachbegriffe nennen)
Zeit	10–20 min
Spieler	ab 3
Material	Würfel, Chemiebuch (oder Kopien des Glossars), Punktekarte, evtl. Timer (Smartphone), pro Spieler ein Blatt Papier und ein Stift

VORBEREITUNG

- Pro Spielergruppe ein Set an Würfeln kopieren, ausschneiden und zusammenkleben.

ABLAUF

1. Es werden Spielgruppen zu je 3 oder 4 Personen gebildet.
2. Jede Spielgruppe erhält ein Set von 2 Würfeln. Jeder Spieler hat ein Blatt Papier und einen Stift vor sich.
3. Der Spieler mit der kleinsten Schuhgröße darf anfangen. Danach wird im Uhrzeigersinn gewürfelt.
4. Der Spieler wählt einen der beiden Würfel aus und würfelt.
5. Alle Spieler müssen nun in 30 Sekunden so viel wie möglich Begriffe aufschreiben, die mit dem gewürfelten Buchstaben anfangen.
6. Für jeden genannten Begriff gibt es 1 Punkt. Für jeden Begriff, der auch im Glossar des Chemiebuches steht, gibt es 2 Punkte.

VARIATIONEN

- Es wird mit beiden Würfeln gewürfelt und die Spieler können sich einen von beiden Buchstaben auswählen.
- Die Begriffe müssen zu einem bestimmten Thema passen.

KOPIERVORLAGE WÜRFEL

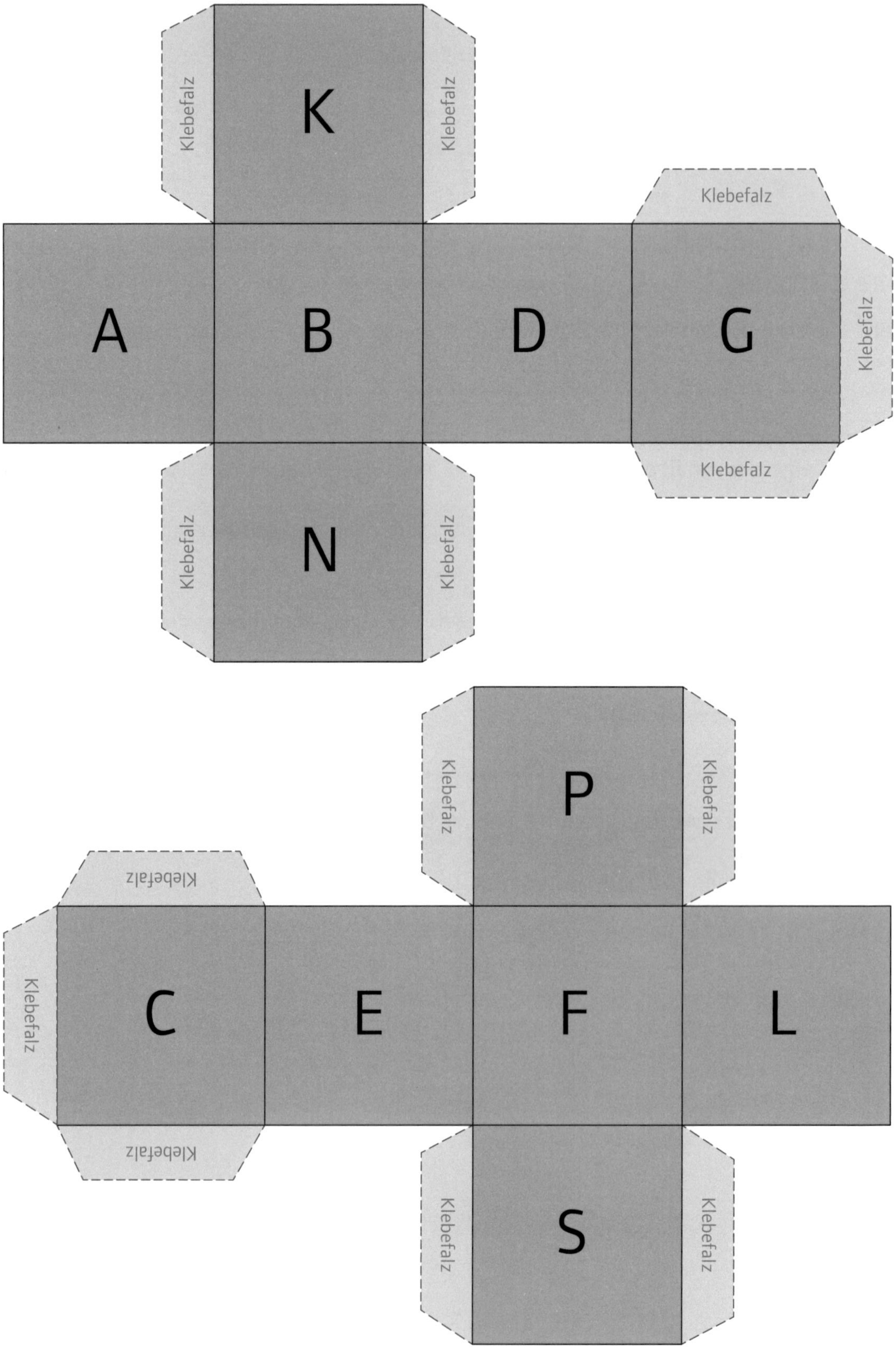

Autor: Andreas G. Harm • Molekültanz • Lernspiele für Chemie • Klasse 5–10 • Grafik: Stefan Giertzsch

Der Chemie-Drehwurm

Spielform	Ratespiel
Unterrichtskontext	Allgemeinwissen Chemie
Kompetenzschwerpunkt	Fachwissen, Kommunikation, Erkenntnisgewinnung, Bewertung
Zeit	20–40 min
Spieler	3 bis 6
Material	Drehscheibe mit Pfeil, Fragekarte, Punktekarte, Stift und Papier, Korken, Notizzettel

VORBEREITUNG

- Der Spielleiter benötigt für einige Aufgaben Notizzettel, um Begriffe aufzuschreiben.
- Für jede Spielgruppe 1 Drehscheibe kopieren, den Pfeil ausschneiden und mit einer Verschlussklammer Pfeil und Drehscheibe locker verbinden.
- Jedem Spielleiter eine Liste mit den Fragen und Antworten verteilen.
- Jeder Spielleiter erstellt eine Namensliste, um die Punkte der Spieler aufzuschreiben.

ABLAUF

1. Es gibt 1 Spielleiter, der Fragen und Aufgaben vorliest sowie kontrolliert. Außerdem notiert er die Punkte.
2. Der jüngste Spieler fängt an.
3. Der Spieler, der dran ist, dreht die Scheibe und führt die Aufgabe aus, wohin der Pfeil zeigt.
4. Wird die Aufgabe richtig gelöst, erhält der Spieler Punkte wie folgt:
   Felder 1, 4 und 7: je 2 Punkte
   Feld 2: je 2 Punkte für den Spieler und für den, der den Begriff errät
   Feld 3: 1 Punkt
   Feld 5: 1 Punkt. (bei Richtigstellung der Falschaussage 2 Punkte)
   Feld 6: 0 Punkte
5. Wer am meisten Punkte nach einer bestimmten Zeit oder Anzahl an Runden erzielt, ist Gewinner.

Hinweis zur Kopiervorlage (S. 37)
Der Pfeil muss mittig und drehbar gelagert auf der Drehscheibe angebracht werden.

FRAGEN UND AUFGABEN (1)

Feld 1 **Fragen**	Feld 2 **Pantomime**	Feld 4 **Aufgabe**	Feld 5 **richtig oder falsch?**	Feld 7 **Zeichnen**
○ Bei wie viel Grad Celsius hat Wasser die größte Dichte? *(+4 Grad)* ○ Wie viel Außenelektronen besitzt Chlor? *(7)* ○ Nenne die Formel für Wasser. *(H2O)* ○ Welche Elementarteilchen befinden sich im Atomkern? *(Protonen und Neutronen)* ○ Wie nennt man die heißeste Brennerflamme? *(rauschende Flamme)* ○ Was ist Sublimation? *(Der Übergang vom festen in den gasförmigen Zustand)* ○ Wie nennt man die Ausgangsstoffe bei chemischen Reaktionen? *(Edukte)* ○ Was bestimmt der Quotient Masse durch Volumen? *(Dichte)* ○ Welches Element wird mit N abgekürzt? *(Stickstoff)*	Stelle folgendes pantomimisch dar: ○ Messzylinder ○ Trichter ○ Flüssigkeit ○ Filtrieren ○ Verbrennung ○ Ballon ○ Verbindung ○ Wasserstoff ○ Feuerwerk ○ Atom ○ Salz ○ Säure ○ Laugenbrezel ○ Batterie ○ Analyse (Zerlegung einer Verbindung) ○ Alkohol	○ Erkläre, wie man eine Flüssigkeit destilliert. ○ Nimm einen Korken in den Mund und sage das Wort Suspension so, dass es jemand errät. ○ Iss oder trink etwas (falls im Fachraum gespielt wird, muss der Spieler sagen, dass er das nicht darf). ○ Sage 2-mal schnell „Sechzig tschechische Chemiker checken rechnerisch technische Schemata." ○ Renne zum Feuerlöscher und zurück. ○ Mache einem Mitspieler ein Kompliment. ○ Wie viel Kapitel hat dein Chemiebuch? ○ Erzähle einen Witz.	○ Phenolphthalein färbt sich bei Säuren rot. *(falsch, färbt sich nicht bzw. färbt Laugen rosa)* ○ Jede Verbrennung ist eine chemische Reaktion. *(richtig)* ○ Bei einer Analyse wird ein chemisches Element zerlegt. *(falsch, nicht Element, sondern Verbindung)* ○ Das Periodensystem hat 8 Hauptgruppen. *(richtig)* ○ Mit der Knallgasprobe wird Sauerstoff nachgewiesen. *(falsch, sondern Wasserstoff)* ○ Bei einer endothermen Reaktion wird Wärme frei. *(falsch, exotherm)* ○ Nur 3 Metalle sind magnetisch. *(richtig, Eisen, Kobalt, Nickel)* ○ Ca. 80 % der Luft besteht aus Stickstoff. *(richtig)* ○ An-Ionen sind positiv geladen. *(falsch, negativ)* ○ Wird Graphit zerlegt, hat man die gleichen Atome wir Diamant. *(richtig)* ○ Dieses Spiel macht Spaß. *(richtig)* ○ Bei einer chemischen Reaktion kann das Produkt leichter oder schwerer werden. *(falsch, die Masse bleibt immer gleich)*	Zeichne auf ein Blatt Papier: ○ Standzylinder ○ Standkolben ○ Erlenmeyerkolben ○ Gefahrensymbol Achtung ○ Wasserstoffatom (Schalenmodell) ○ Spatel ○ deinen Chemielehr er ○ die Formel für Salzsäure ○ Teilchen im festen und gasförmigen Zustand ○ Nachweis von Sauerstoff ○ Bunsenbrenner ○ Reagenzglas mit Öl und Wasser ○ Bürette

DREHSCHEIBE UND PFEIL (2)

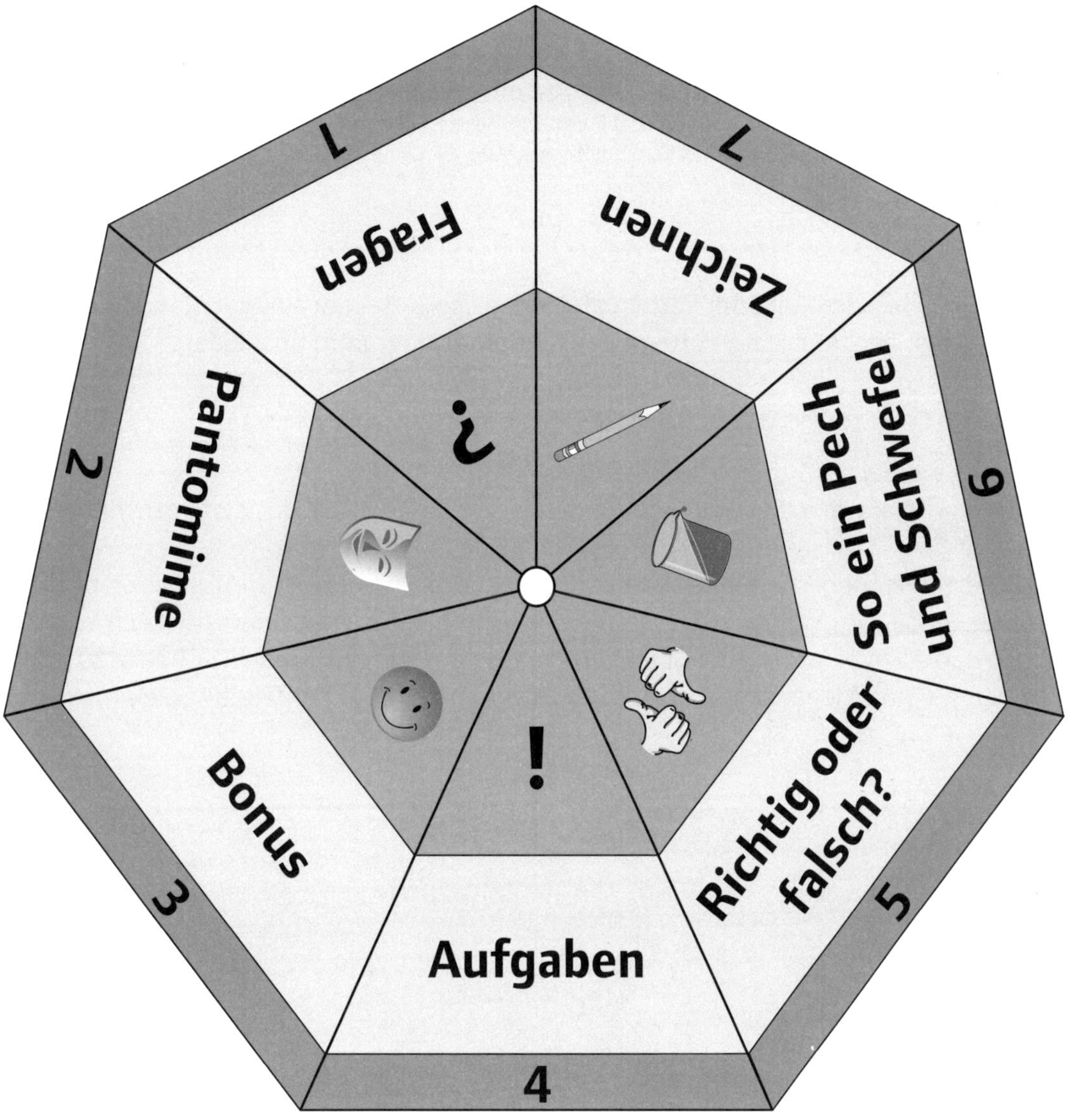

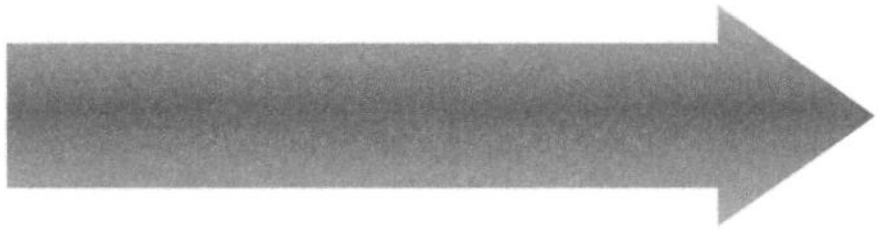

Autor: Andreas C. Harm • Molekültanz • Lernspiele für Chemie • Klasse 5–10 • Grafik: Stefan Giertzsch

Geheimnisvolle Stoffe

Spielform	Ratespiel
Unterrichtskontext	Chemische Elemente
Kompetenzschwerpunkt	Kommunikation (Informationen identifizieren)
Zeit	10–30 min
Spieler	2 bis 4
Material	Overhead-Projektor, abgedeckte Fotos auf Folie oder alternativ Beamer und Computer mit kostenlosem Programm (kostenlose, preisgünstige Programme und APPs dazu sind unter dem Suchwort „Dalli-Klick“ oder „TTklick“ zu finden)

VORBEREITUNG

- Foto auf Folie kopieren und mit Zetteln abdecken. Die Zettel am äußeren Rand mit Klebestreifen befestigen. Alternativ Fotos in das Computerprogramm hochladen.

ABLAUF

1. Die Spieler werden in Gruppen aufgeteilt.
2. Jede Spielgruppe wählt für eine Spielrunde einen Sprecher aus, der den gesuchten Stoff benennt.
3. Eine Folie mit der Abbildung eines Stoffes/Gegenstand wird nun Schritt für Schritt aufgedeckt.
4. Die Sprecher der Gruppen müssen so schnell wie möglich erraten, um was es sich handelt. Die Gruppe darf dazu beraten. Jeder Sprecher hat aber pro Bild nur 1-mal die Chance zu raten.
5. Je früher der Stoff/Gegenstand erraten wird, desto mehr Punkt erhält die Spielgruppe.

Beispiel

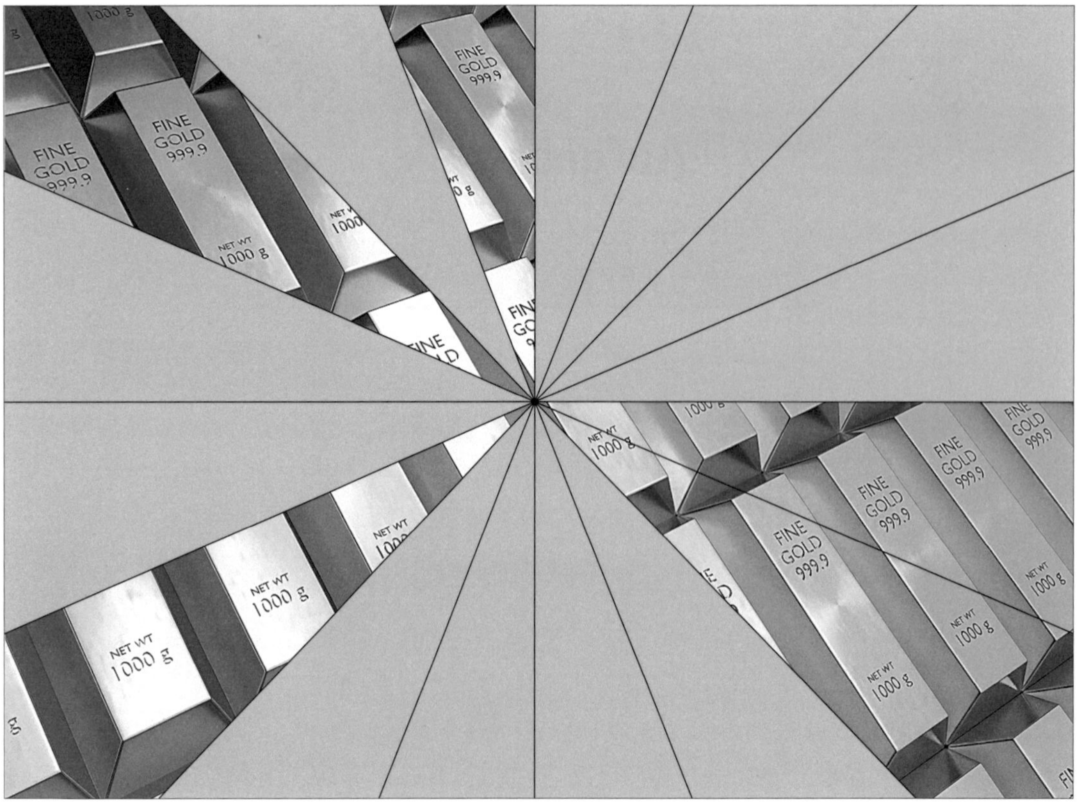

KOPIERVORLAGE

Die Streifen ausschneiden und mithilfe von Klebestreifen auf einer Transparenzfolie befestigen.

Autor: Andreas G. Harm • Molekültanz • Lernspiele für Chemie • Klasse 5–10

Besserwisser

Spielform	Quiz
Unterrichtskontext	Allgemeinwissen Chemie
Kompetenzschwerpunkt	Kommunikation (Fachbegriffe nennen)
Zeit	20–35 min
Spieler	2 Spielergruppen
Material	Overhead-Projektor, Spielfeld-Vorlage (auf Folie, Poster, Whiteboard oder Smartboard), Folienstift (wasserlöslich)

VORBEREITUNG

- Kopiervorlage 2 (Spielfeld) auf Folie kopieren

ABLAUF

1. Die Spieler werden in 2 Gruppen geteilt. Dabei erhält jede Gruppe eine Spielfarbe.
2. Jede Spielgruppe versucht, durch richtiges Raten von einer Seite des Spielfelds zu anderen Seite zu gelangen (von links nach rechts oder von oben nach unten oder umgekehrt).
3. Durch richtiges Raten eines Begriffes wird der entsprechende Buchstabe mit der Farbe der Spielgruppe eingekreist. Der Weg von einer Seite zur anderen Seite darf nicht von der Farbe der gegnerischen Gruppe unterbrochen sein.
4. Der Spielleiter fängt an, indem er den ersten Begriff beschreibt.
5. Die Gruppe, die zuerst die richtige Lösung nennt, erhält die entsprechende Markierung auf dem Spielfeld und darf nun den nächsten Buchstaben bestimmen.

Grafik: Stefan Giertzsch

VARIATIONEN

- Die Felder mit eigenen Buchstaben füllen.
- Das Spiel funktioniert auch als Partnerübung, bei der sich jede Person für den Partner Formulierungen überlegt.

BEISPIELFORMULIERUNGEN (1)

A: Welches A ist flüssig, fest und gasförmig?	Aggregatzustand
B: Deutsches Wort für Plumbum	Blei
C: Salze der Kohlensäure	Carbonate
D: Stoffeigenschaft, bestimmt durch Masse und Volumen	Dichte
E: Welches E ist negativ geladen?	Elektron
F: lässt sich nicht mit Wasser löschen	Fettbrand
G: Welches G ist süß?	Glucose
H: Welches H ist ein Edelgas?	Helium
I: Verändert die Farbe in Säure oder Lauge	Indikator
K: trübt sich bei Zugabe von Kohlenstoffdioxid	Kalkwasser
L: Berühmter Chemiker	Lavoisier
M: Legierung aus Kupfer und Zink	Messing
N: Edelgas in Leuchtröhren	Neon
O: Welches O lässt einen Wasserläufer nicht untergehen?	Oberflächenspannung
P: Elementarteilchen im Atomkern	Proton
R: entsteht, wenn Eisen Wasser und Luft ausgesetzt ist	Rost
S: Welches S färbt einen Universalindikator rot?	Säure
T: Zugabe bei der Herstellung von Stahl	Titan
U: radioaktives Element	Uran
V: entsteht aus zwei oder mehreren Elementen	Verbindung
W: Oxid des Wasserstoffs	Wasser
Z: Trennungsmethode durch Schleudern	Zentrifugieren

Autor: Andreas G. Harm • Molekültanz • Lernspiele für Chemie • Klasse 5–10

SPIELFELD BESSERWISSER (2)

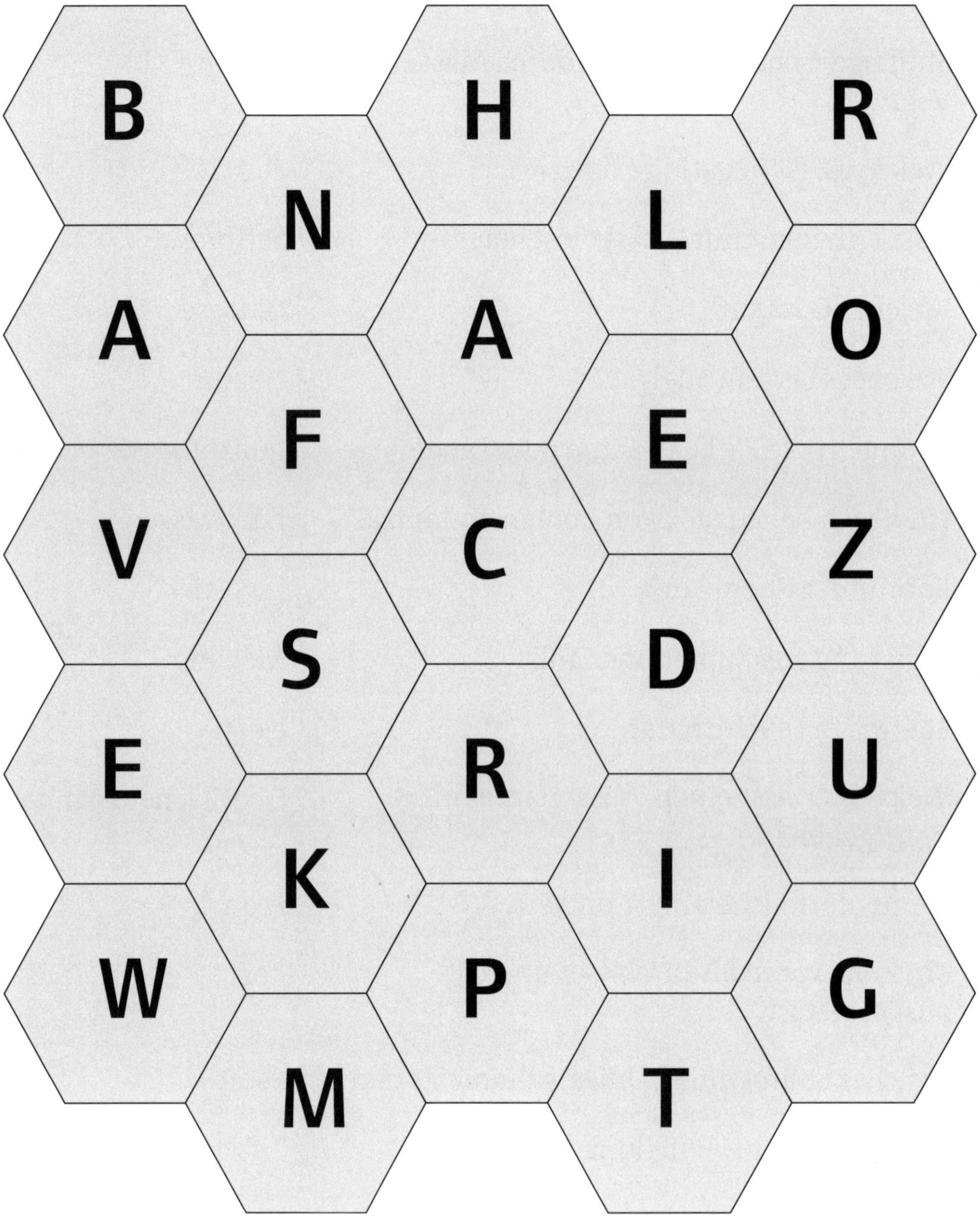

Autor: Andreas G. Harm • Molekültanz • Lernspiele für Chemie • Klasse 5–10 • Grafik: Stefan Giertzsch

Streng verboten!

Spielform	Kommunikationsspiel
Unterrichtskontext	Allgemeinwissen Chemie
Kompetenzschwerpunkt	Kommunikation (Beschreiben und Präsentieren)
Zeit	5–20 min
Spieler	2 Spielgruppen
Material	Wortkarten, Glocke

VORBEREITUNG

- Wortkarten (Kopiervorlage auf buntes Papier / Plakatkarton) kopieren

ABLAUF

1. Die Spieler werden in 2 Gruppen aufgeteilt.
2. Jede Spielgruppe wählt für eine Spielrunde einen Sprecher aus, der die **fettgedruckten** Begriffe auf den Wortkarten erklärt.
3. Der Sprecher hat eine festgelegte Zeit, um möglichst viel gezeigte Begriffe zu erklären, ohne das Wort, ein Teil des Wortes oder die dazugehörigen Begriffe auf der Karte zu nennen.
4. Die Mitspieler des Sprechers versuchen, den beschriebenen Begriff zu erraten. Pro erratenen Begriff gibt es einen Punkt.
5. Die gegnerische Mannschaft bestimmt einen Controller, der überprüft, ob der Sprecher sich an die Regeln (siehe 3.) hält. Bei Verstoß gegen die Regeln wird die Wortkarte zur Seite gelegt. Für diese Karte kann kein Punkt erlangt werden.
6. Sobald der Sprecher ein unerlaubtes Wort oder Wortteil nennt, läutet der Controller.
7. Nach der festgelegten Zeit (z. B. 90 Sekunden) ist die andere Mannschaft an der Reihe (siehe 2.–5.).

VARIATIONEN

- Die Begriffe pantomimisch darstellen.
- Bei großen Klassen Kleingruppen bilden.
- Ein Sprecher für alle, unter Bildung mehrerer Gruppen, die raten.

STRENG VERBOTEN!–KARTEN

Metall fest elektrisch leit- fähig glänzend Eisen	**Edelmetall** Gold kostbar rostet Schmuck	**Eisen** Metall magnetisch Stahl Draht	**Elektrolyse** Strom zerlegen Pole Elemente
Nichtmetall gasförmig Kohlenstoff brüchig Periodensystem	**Sauerstoff** Luft Ozon atmen Photosynthese	**Kohlenstoff** schwarz Graphit heizen Tetraeder	**Kohlenstoff-dioxid** CO_2 Gas Treibhauseffekt Mineralwasser
Reduktion Oxidation Abgabe Sauerstoff weg	**Oxidation** Reduktion Aufnahme Sauerstoff Verbindung	**Redoxreaktion** Oxidation Reduktion Sauerstoff zusammen	**Dichte** rechnen Masse Volumen wiegen
exotherm Wärme Abgabe Temperatur endotherm	**endotherm** kalt Temperatur exotherm Abkühlung	**Salz** süß Neutralisation Natriumchlorid Ei	**Reaktion** Produkt Reagieren Stoff zwei
Periodensystem Metalle Symbole Elemente Tabelle	**Atom** Teilchen Elektron Proton klein	**Aggregatzustand** flüssig fest gasförmig Stoff	**Reagenzglas** Flüssigkeit Stopfen länglich einfüllen
Säure rot Indikator Lauge Sauerstoff	**Lauge** blau Indikator Säure Metall	**Neutralisation** Säure Lauge grün Salz	**Chemielehrer** Person Noten Unterricht Experimente

Autor: Andreas G. Harm • Molekültanz • Lernspiele für Chemie • Klasse 5–10

STRENG VERBOTEN!–KARTEN THEMA „PRODUKTE DER CHEMIE“

Ester Frucht Säure Alkohol Geruch	**Fette** Butter Säure Öl streichen	**Zucker** Glucose Fructose süß sauer	**Lebensmittel** essen schmecken Magen Nahrung
Seife Lauge waschen Schmutz Dreck	**Waschmittel** Tenside Maschine sauber Reinigung	**Legierung** Metall Messing Stoffgemisch glänzend	**Kunststoff** Plastik natürlich Erdöl künstlich
Klebstoff Stift Tube zusammen haften	**Alkohol** Schnaps betrunken Destillation trinken	**Kosmetik** Creme Haus Lippen Deo	**Papier** Holz weiß schreiben Blatt
Jeans Hose blau tragen Baumwolle	**Farbstoff** Rot blau Zusatz färben	**Stahl** Eisen hart glänzend rostfrei	**Smartphone** Anrufen Apps Kontakte Handy

Teamwork

Spielform	Assoziationsspiel
Unterrichtskontext	beliebig
Kompetenzschwerpunkt	Kommunikation (Kooperation)
Zeit	5–10 min
Spieler	ab 2 Spielpaare
Material	–
Vorbereitung	–

ABLAUF

1. Ein Spielpaar setzt sich zusammen vor die Klasse, das andere begibt sich vor die Tür.
2. Der Spielleiter gibt den Spielern die Aufgabe, Begriffe zu nennen, die sie mit einem chemischen Fachbegriff verbinden. Dazu hat das Spielpaar 60 Sekunden Zeit. Es muss im Wechsel je einen Begriff nennen.
3. Begriffe, die doppelt genannt werden, zählen nicht. Fällt einem Spieler nichts ein, darf er „weiter" sagen.
4. Nachdem das erste Spielpaar dran war, wird das zweite in den Raum gerufen und muss die gleiche Aufgabe erledigen.

VARIATIONEN

- Jedes Spielpaar erhält einen anderen chemischen Begriff, die aber beide zum gleichen Thema gehören (z. B. Säure/Lauge).
- Die Spielpaare schreiben ihre Assoziationen an die Tafel. Es werden Spielgruppen gebildet, in denen je ein Spieler an die Tafel rennt, eine Assoziation anschreibt, danach folgt der nächste der Gruppe.

Pferderennen

Spielform	Computer-App
Unterrichtskontext	Allgemeinwissen Chemie
Kompetenzschwerpunkt	Erkenntnisgewinnung (Aussagen überprüfen)
Zeit	10–15 min
Spieler	1 bis 5
Material	Computer oder Smartphone

VORBEREITUNG

- Internetzugang klären

ABLAUF

1. Jeder Spieler sucht in der Suchmaschine die Seite *learningapps*.
2. Nach Aufruf der Seite gibt der Spieler *Chemierennen* ein und bestätigt dies mit der Enter-Taste.
3. Jeder Spieler klickt das Feld an *mit Freunden spielen*.
4. Jeder Spieler tippt einen Spielernamen ein und wählt eine Spielfigur und bestätigt durch das Anklicken des OK-Buttons.
5. Möglichst schnell muss jeder die Fragen beantworten, indem er die richtige Antwort der Antwortmöglichkeiten anklickt.
6. Wer zuerst die Ziellinie überquert, ist der Gewinner.

VARIATIONEN

- Nach Aufruf der Internetseite geben die Spieler den Begriff *Pferderennen* ein und suchen in der Kategorie *Chemie*. Dort wird das vorher vereinbarte Spiel angeklickt und wie im Ablauf beschrieben gespielt.
- Unter dem Suchbegriff *Chemie* können weitere Spiele gefunden werden.
- Auf der Internetseite ein eigenes Spiel zu einem gewünschten Thema entwerfen.

Elemente-Schatzsuche

Spielform	Brettspiel
Unterrichtskontext	Periodensystem der Elemente
Kompetenzschwerpunkt	Kommunikation (Fachbegriffe benennen)
Zeit	15–20 min
Spieler	2
Material	laminiertes Periodensystem, Folienstifte, Sichtschutz, Kartenständer (z. B. Holzklotz mit Schlitz)

VORBEREITUNG

- Kopiervorlagen Periodensystem kopieren und laminieren

ABLAUF

1. Jeder Spieler erhält 2 laminierte Periodensysteme.
2. Zwischen den Spielern steht ein Sichtschutz, damit keiner sieht wo der andere seine Schatzkisten versteckt.
3. Auf einem Periodensystem („Meine Schätze") markiert jeder Spieler seine 5 Schatzkisten, indem er entsprechende waagerecht nebeneinander oder senkrecht übereinander liegende Elemente mit dem Folienstift umrandet.
4. Die 5 Schatzkisten teilen sich wie folgt auf: 1 × 2er, 2 × 3er, 1 × 4er, 1 × 5er.
5. Der erste Spieler errät nun wo die Schatzkisten des Gegners sind, indem er den Buchstaben der Schale (also K, L, M, N, O, P) und die Zahl der Hauptgruppe (1–8) nennt und auf sein 2. Periodensystem („Meine Schatzsuche") markiert – so weiß er beim nächsten Mal, welches Feld er schon ausgewählt hat.
6. Der gegnerische Spieler nennt das Element mit Namen sowie „Treffer" (falls dort eine einer Schatzkisten liegt), „Daneben" (falls dort keine Schatzkiste liegt) oder „Schatz gehoben" (falls die ganze Schatzkiste getroffen wurde).
7. Bei einem Treffer darf der Spieler nochmals raten. Sobald der Gegner jedoch „Daneben" sagt, ist der Gegner mit der Schutzsuche dran.
8. Wer alle Schätze gehoben hat, ist Gewinner.

Beispiel: Markierung der Schatzkisten

PERIODENSYSTEM DER ELEMENTE

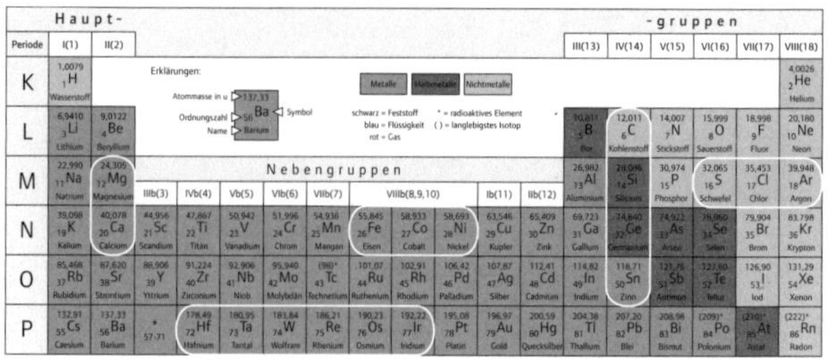

Beispiel: Markierung der Schatzsuche

PERIODENSYSTEM DER ELEMENTE

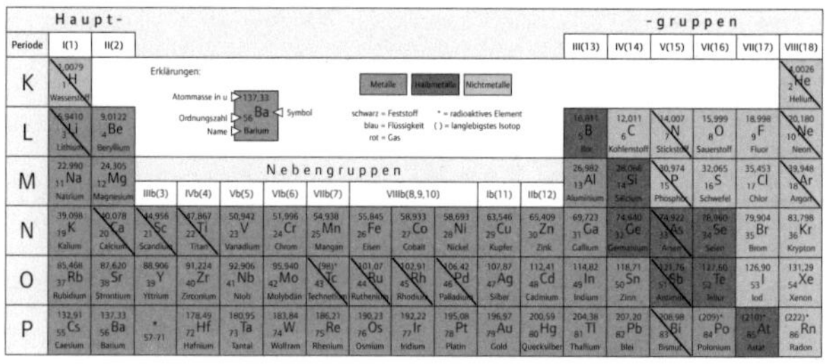

Grafik: Stefan Giertzsch

PERIODENSYSTEME

Meine Schätze

PERIODENSYSTEM DER ELEMENTE

Erklärungen:

Atommasse in u → 137,33; Ordnungszahl → 56; Ba ← Symbol; Name → Barium

Metalle | Halbmetalle | Nichtmetalle

schwarz = Feststoff; blau = Flüssigkeit; rot = Gas

* = radioaktives Element; ( ) = langlebigstes Isotop

Periode	I(1)	II(2)	IIIb(3)	IVb(4)	Vb(5)	VIb(6)	VIIb(7)	VIIIb(8,9,10)			Ib(11)	IIb(12)	III(13)	IV(14)	V(15)	VI(16)	VII(17)	VIII(18)
K	1,0079 $_{1}$H Wasserstoff																	4,0026 $_{2}$He Helium
L	6,9410 $_{3}$Li Lithium	9,0122 $_{4}$Be Beryllium											10,811 $_{5}$B Bor	12,011 $_{6}$C Kohlenstoff	14,007 $_{7}$N Stickstoff	15,999 $_{8}$O Sauerstoff	18,998 $_{9}$F Fluor	20,180 $_{10}$Ne Neon
M	22,990 $_{11}$Na Natrium	24,305 $_{12}$Mg Magnesium											26,982 $_{13}$Al Aluminium	28,086 $_{14}$Si Silicium	30,974 $_{15}$P Phosphor	32,065 $_{16}$S Schwefel	35,453 $_{17}$Cl Chlor	39,948 $_{18}$Ar Argon
N	39,098 $_{19}$K Kalium	40,078 $_{20}$Ca Calcium	44,956 $_{21}$Sc Scandium	47,867 $_{22}$Ti Titan	50,942 $_{23}$V Vanadium	51,996 $_{24}$Cr Chrom	54,938 $_{25}$Mn Mangan	55,845 $_{26}$Fe Eisen	58,933 $_{27}$Co Cobalt	58,693 $_{28}$Ni Nickel	63,546 $_{29}$Cu Kupfer	65,409 $_{30}$Zn Zink	69,723 $_{31}$Ga Gallium	74,640 $_{32}$Ge Germanium	74,922 $_{33}$As Arsen	78,960 $_{34}$Se Selen	79,904 $_{35}$Br Brom	83,798 $_{36}$Kr Krypton
O	85,468 $_{37}$Rb Rubidium	87,620 $_{38}$Sr Strontium	88,906 $_{39}$Y Yttrium	91,224 $_{40}$Zr Zirconium	92,906 $_{41}$Nb Niob	95,940 $_{42}$Mo Molybdän	(98)* $_{43}$Tc Technetium	101,07 $_{44}$Ru Ruthenium	102,91 $_{45}$Rh Rhodium	106,42 $_{46}$Pd Palladium	107,87 $_{47}$Ag Silber	112,41 $_{48}$Cd Cadmium	114,82 $_{49}$In Indium	118,71 $_{50}$Sn Zinn	121,76 $_{51}$Sb Antimon	127,60 $_{52}$Te Tellur	126,90 $_{53}$I Iod	131,29 $_{54}$Xe Xenon
P	132,91 $_{55}$Cs Caesium	137,33 $_{56}$Ba Barium	* 57-71	178,49 $_{72}$Hf Hafnium	180,95 $_{73}$Ta Tantal	183,84 $_{74}$W Wolfram	186,21 $_{75}$Re Rhenium	190,23 $_{76}$Os Osmium	192,22 $_{77}$Ir Iridium	195,08 $_{78}$Pt Platin	196,97 $_{79}$Au Gold	200,59 $_{80}$Hg Quecksilber	204,38 $_{81}$Tl Thallium	207,20 $_{82}$Pb Blei	208,98 $_{83}$Bi Bismut	(209)* $_{84}$Po Polonium	(210)* $_{85}$At Astat	(222)* $_{86}$Rn Radon

Meine Schatzsuche

PERIODENSYSTEM DER ELEMENTE

Erklärungen:

Atommasse in u → 137,33; Ordnungszahl → 56; Ba ← Symbol; Name → Barium

Metalle | Halbmetalle | Nichtmetalle

schwarz = Feststoff; blau = Flüssigkeit; rot = Gas

* = radioaktives Element; ( ) = langlebigstes Isotop

Periode	I(1)	II(2)	IIIb(3)	IVb(4)	Vb(5)	VIb(6)	VIIb(7)	VIIIb(8,9,10)			Ib(11)	IIb(12)	III(13)	IV(14)	V(15)	VI(16)	VII(17)	VIII(18)
K	1,0079 $_{1}$H Wasserstoff																	4,0026 $_{2}$He Helium
L	6,9410 $_{3}$Li Lithium	9,0122 $_{4}$Be Beryllium											10,811 $_{5}$B Bor	12,011 $_{6}$C Kohlenstoff	14,007 $_{7}$N Stickstoff	15,999 $_{8}$O Sauerstoff	18,998 $_{9}$F Fluor	20,180 $_{10}$Ne Neon
M	22,990 $_{11}$Na Natrium	24,305 $_{12}$Mg Magnesium											26,982 $_{13}$Al Aluminium	28,086 $_{14}$Si Silicium	30,974 $_{15}$P Phosphor	32,065 $_{16}$S Schwefel	35,453 $_{17}$Cl Chlor	39,948 $_{18}$Ar Argon
N	39,098 $_{19}$K Kalium	40,078 $_{20}$Ca Calcium	44,956 $_{21}$Sc Scandium	47,867 $_{22}$Ti Titan	50,942 $_{23}$V Vanadium	51,996 $_{24}$Cr Chrom	54,938 $_{25}$Mn Mangan	55,845 $_{26}$Fe Eisen	58,933 $_{27}$Co Cobalt	58,693 $_{28}$Ni Nickel	63,546 $_{29}$Cu Kupfer	65,409 $_{30}$Zn Zink	69,723 $_{31}$Ga Gallium	74,640 $_{32}$Ge Germanium	74,922 $_{33}$As Arsen	78,960 $_{34}$Se Selen	79,904 $_{35}$Br Brom	83,798 $_{36}$Kr Krypton
O	85,468 $_{37}$Rb Rubidium	87,620 $_{38}$Sr Strontium	88,906 $_{39}$Y Yttrium	91,224 $_{40}$Zr Zirconium	92,906 $_{41}$Nb Niob	95,940 $_{42}$Mo Molybdän	(98)* $_{43}$Tc Technetium	101,07 $_{44}$Ru Ruthenium	102,91 $_{45}$Rh Rhodium	106,42 $_{46}$Pd Palladium	107,87 $_{47}$Ag Silber	112,41 $_{48}$Cd Cadmium	114,82 $_{49}$In Indium	118,71 $_{50}$Sn Zinn	121,76 $_{51}$Sb Antimon	127,60 $_{52}$Te Tellur	126,90 $_{53}$I Iod	131,29 $_{54}$Xe Xenon
P	132,91 $_{55}$Cs Caesium	137,33 $_{56}$Ba Barium	* 57-71	178,49 $_{72}$Hf Hafnium	180,95 $_{73}$Ta Tantal	183,84 $_{74}$W Wolfram	186,21 $_{75}$Re Rhenium	190,23 $_{76}$Os Osmium	192,22 $_{77}$Ir Iridium	195,08 $_{78}$Pt Platin	196,97 $_{79}$Au Gold	200,59 $_{80}$Hg Quecksilber	204,38 $_{81}$Tl Thallium	207,20 $_{82}$Pb Blei	208,98 $_{83}$Bi Bismut	(209)* $_{84}$Po Polonium	(210)* $_{85}$At Astat	(222)* $_{86}$Rn Radon

hier knicken

Autor: Andreas G. Harm · Molekültanz · Lernspiele für Chemie · Klasse 5–10 · Grafik: Stefan Giertzsch

Die Chemie-Pyramide

Spielform	Brettspiel
Unterrichtskontext	Allgemeinwissen Chemie
Kompetenzschwerpunkt	Fachwissen (Fakten erläutern)
Zeit	30–45 min
Spieler	4
Material	Spielfeld, 4 × 2 verschieden farbige Spielsteine (z. B. Knöpfe), 17 Blockaden (z. B. Streichhölzer ohne Zündkopf), Würfel

VORBEREITUNG

- Spielfeld auf DIN-A3 kopieren (141 % vergrößern) und ggf. bunt anmalen (lassen),
- Fragekarten auf buntes Papier kopieren und ausschneiden,
- Blockaden auf die Felder mit den Kreisen und Spielsteine auf die Startfelder legen.

ABLAUF

1. Jeder Spieler erhält 2 Spielsteine, von denen er 1 oder 2 zur Spitze der Pyramide bringen muss (Anzahl abhängig von Spieldauer und vorherigem Beschluss).
2. Auf den runden Spielfeldern liegen Blockaden, die durch Beantwortung von Fragen bzw. Bewältigung von Aufgaben beseitigt werden müssen. Bei richtiger Antwort darf der Spieler die Blockade auf ein anderes, beliebiges Feld legen.
3. Durch Würfeln kommt jeder Spieler voran. Bei einer 6 darf nicht nochmal gewürfelt werden. Ist das Feld besetzt, auf das ein Spieler kommt, muss er sich dahinter einreihen.
4. Hat ein Spieler eine höhere Zahl als es bis zur Blockade ist, darf er nur bis zur Barrikade.
5. Will ein Spieler eine Blockade beseitigen, liest der rechte Nachbar die Frage vor und kontrolliert, ob die Antwort richtig ist. Die Karte kommt danach wieder nach unten in den Stapel.

FRAGEKARTEN (1A)

Du möchtest für ein Experiment eine Flüssigkeit genau abmessen. Welches Laborgerät nimmst du? **Messzylinder**	Hat Eis eine größere oder geringe Dichte als Wasser im flüssigen Zustand? **geringere Dichte**	Welches Symbol teht auf dem Gefahrstoff-kennzeichen für „giftig“? **Totenkopf**	Welche Säure besitzt mehr Sauerstoff-Atome: Salpetersäure oder Schwefelsäure? **Schwefelsäure (4)**
Wie nennt man den Übergang vom gasförmigen in den flüssigen Zustand? **Kondensation**	Welches Element ist Argentum? **Silber**	Welche Säure entsteht, wenn man CO_2 in Wasser leitet? **Kohlensäure**	Durch welches Trennverfahren erhält man hochprozentigen Alkohol? **Destillation**
Aus wie viel Atomen muss ein Molekül mindestens bestehen? **2**	Was passiert mit brennendem Magnesium unter Wasser? **Es brennt weiter.**	Zu welcher Elementegruppe gehört Helium? **Edelgase**	Welches Trennverfahren wird bei der Teezubereitung genutzt? **Extraktion**
Ist Milch ein Reinstoff oder ein Stoffgemisch? **Stoffgemisch**	Durch welches Trennverfahren lässt sich ein schwarzer Filzstift in seine Einzelfarben zerlegen? **Chromatographie**	Wie lautet die Maßeinheit zur Berechnung der Dichte? **Gramm pro Kubikzentimeter**	Du glücklicher Chemiker, du! **Räume die Barrikade weg, ohne eine Frage zu beantworten.**

Autor: Andreas G. Harm · Molekültanz · Lernspiele für Chemie · Klasse 5–10 · Grafik: Stefan Giertzsch

FRAGEKARTEN (1B)

Wie riechst du an einer unbekannten Flüssigkeit? (Sage oder zeige es.) **Zufächeln**	Du möchtest eine Chemikalie tropfenweise in ein Gefäß geben. Welches Laborgerät verwendest du? **Tropfpipette**	Was ist der Unterschied zwischen einem Atom und einem Ion? **Atom: ungeladen Ion: geladen**	Der Pharao CHEMANTOS hilft dir! **Räume die Barrikade weg, ohne eine Frage zu beantworten und gehe 4 Felder vor!**
Richtig oder falsch? Diamant besteht aus Kohlenstoff. **richtig**	Aus welchen Metallen besteht die Legierung Messing? **Kupfer und Zink**	Wie viel Prozent Sauerstoff sind in der Luft enthalten? **Ca. 21 %**	Die Mumie CHEM-MORDES packt dich. **Zurück zum Start!**
Kann Rapsöl brennen? **Ja**	Was ist der Unterschied zwischen einer chemischen Verbindung und einem Element? **Eine Verbindung besteht aus mehreren Elementen.**	Was entsteht, wenn Kohle oxidiert? **Kohlenstoffdioxid**	Welches Element findet man in allen Oxiden? **Sauerstoff**
Wie viel Gramm Salz sind in 1000 ml einer 12%igen Salzlösung? **120**	Was knallt lauter – reiner Wasserstoff oder ein Gemisch von Wasserstoff und Sauerstoff? **ein Gemisch von Wasserstoff und Sauerstoff (Knallgas)**	Woraus besteht eine Bleistiftmine? **Graphit (oder: Kohlenstoff)**	Wie hießen die Chemiker im Mittelalter? **Alchemisten**

Autor: Andreas G. Harm • Molekultanz • Lernspiele für Chemie • Klasse 5–10 • Grafik: Stefan Giertzsch

SPIELFELD (2)

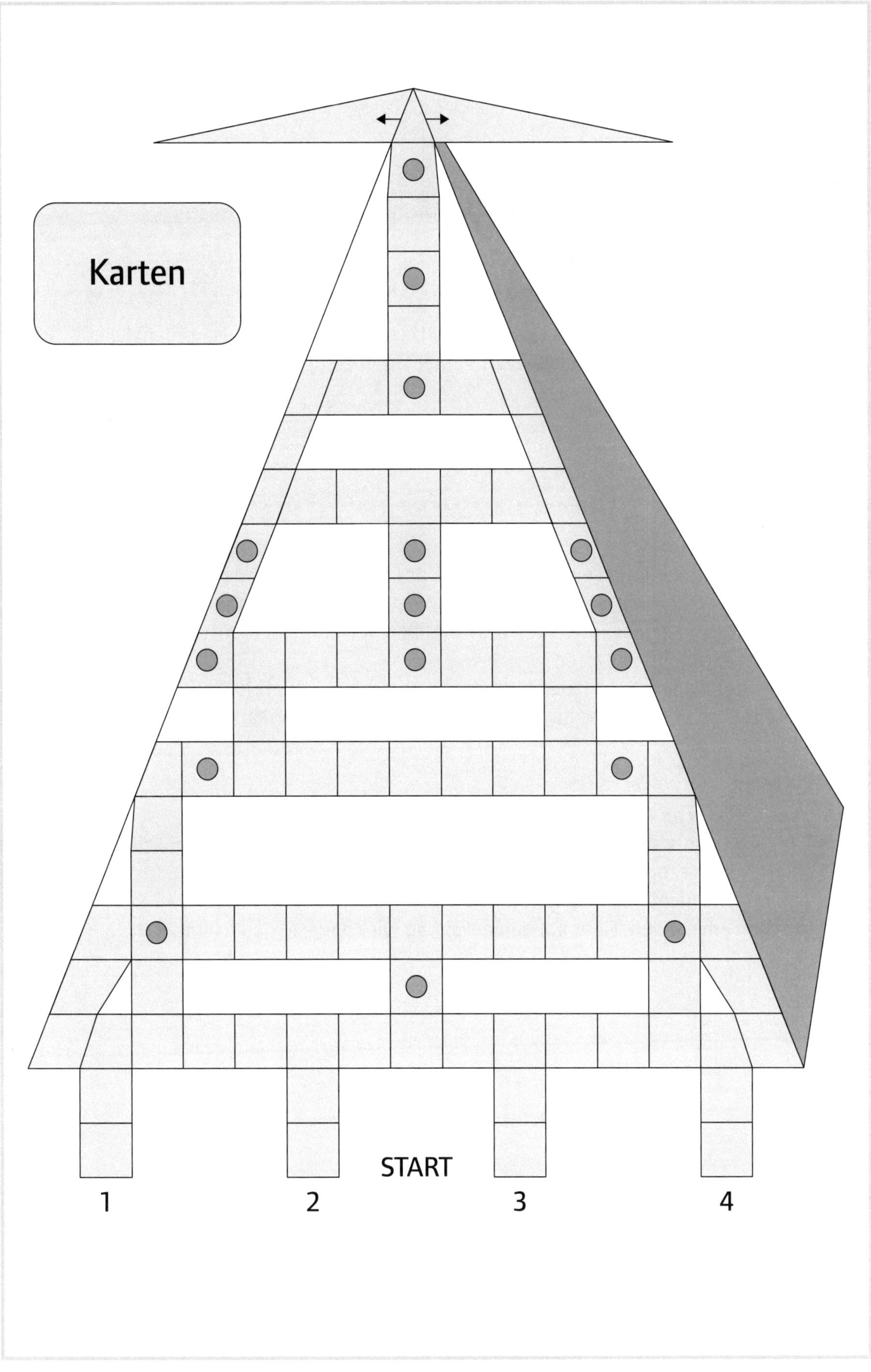

Autor: Andreas G. Harm • Molekültanz • Lernspiele für Chemie • Klasse 5–10 • Grafik: Stefan Giertzsch

Labormaster

Spielform	Brettspiel
Unterrichtskontext	Allgemeinwissen Chemie
Kompetenzschwerpunkt	Fachwissen, Kommunikation, Erkenntnisgewinnung, Bewertung
Zeit	30–45 min
Spieler	3 bis 6
Material	Spielplan, Würfel, Spielfiguren, Spielkarten, Kartenbox, Stift, Papier

VORBEREITUNG

- Spielpläne (s. S. 56/57) auf DIN-A3 kopieren (141 % vergrößern) und zusammenkleben
- Spielkarten kopieren, ausschneiden (evtl. vorher laminieren) und auf der Rückseite am oberen Rand beschriften
- Kartenbox basteln
- Spielfigurenkopieren und ausschneiden

ABLAUF

Ziel des Spiels

- Jeder Spieler sammelt auf seinem Weg durch das Labor 3 verschiedene Labormaterial-Karten (Chemikalie, Laborgeräte, Schutzmaßnahme / Erste Hilfe). Auf dem Weg zum Ausgang des Labors müssen Fragen beantwortet und Aufgaben bewältigt werden, um als Erster am Ziel zu sein.
- Gewinner des Spiels ist, wer zuerst mit 3 Laborkarten über das Feld ZIEL zieht.
- Als Variante kann die Gruppe auch eine andere Anzahl an Laborkarten festlegen (max. 4–6 Karten).

Start des Spiels

1. Der Älteste fängt an und stellt seine Spielfigur auf das Feld START.
2. Im Uhrzeigersinn wird gewürfelt und entsprechend der Augen auf dem Würfel die eigene Spielfigur vorangezogen.
3. Bei einer 6 wird nicht nochmal gewürfelt.
4. Steht schon eine andere Figur auf einem Feld, so wird das Feld danach besetzt.

ABLAUF DES SPIELS

- Bei jedem Zug landet ein Spieler auf einem Feld.
- Landet eine Spielfigur auf einem weißen Feld, so hat er keine Aufgabe zu bewältigen.
- Landet er auf einem hellgrauen , gestreiften , dunkelgrauen oder quadratischen Feld, muss er eine Aufgabe bewältigen.

hellgraues Feld: Der rechte Nachbar zieht **Aktionskarte *Zeichnen/Symbole/Formel*** (S. 62) und liest sie vor.
Der Spieler muss auf Papier die Aufgabe zeichnen bzw. schreiben.
Ist sie richtig, darf er in der nächsten Runde weiterziehen.
Wird die Aufgabe falsch erledigt, muss der Spieler einmal aussetzen.

gestreiftes Feld: Der Spieler selbst zieht eine **Aktionskarte *Pantomime/Aktionen*** (S. 63).
Eine Karte mit **Strichmännchen** wird vom Spieler leise gelesen und die Aufgabe vorgespielt.
Wer zuerst das Vorgespielte errät, darf würfeln.
Der Spieler und der Rater dürfen die gewürfelte Augenzahl vorziehen. Sie erledigen aber keine Aufgabe auf dem Feld, auf dem sie landen.
Eine Karte mit einem Ausrufezeichen wird vom Spieler laut vorgelesen.

dunkelgraues Feld: Der rechte Nachbar vom Spieler zieht eine **Aktionskarte *Fragen/Multiple Choice*** (S. 66) und liest sie vor.
Wird die Frage richtig beantwortet, darf der Spieler in der nächsten Runde weiterziehen.
Wird die Frage falsch beantwortet, muss der Spieler einmal aussetzen.

quadratisches Feld: Der Spieler selbst zieht eine **Aktionskarte *Experimente*** (S. 67) und zeigt sie den Mitspielern. Er muss nun ein Experiment beschreiben (Was wird gemacht? Was geschieht dabe?), bei dem die Geräte und Chemikalien auf der Karte benutzt werden.
Kann er das, darf der Spieler in der nächsten Runde weiterziehen.
Kann er es nicht, muss der Spieler einmal aussetzen.

Landet der Spieler auf einem Feld mit einem **Becherglas,** darf er sich eine **Karte *Laborgeräte*** (S. 59) nehmen.

Landet der Spieler auf einem Feld mit einer **Chemikalienflasche,** darf er sich eine **Karte *Chemikalien*** (S. 60) nehmen.

Landet der Spieler auf einem Feld mit einem **Kreuz,** darf er sich eine **Karte *Schutzmaßnahmen und Erste Hilfe*** (S. 61) nehmen.

- Um eine Labormaterial-Karte zu erhalten, dürfen verschiedene Wege benutzt werden.
- Die möglichen Wege sind durch Pfeile gekennzeichnet.
- Von jeder Labormaterial-Karte darf nur eine genommen werden.
- Nur mit allen drei Labormaterial-Karten darf bis zum Feld ZIEL gezogen werden.

Autor: Andreas G. Harm · Molekültanz · Lernspiele für Chemie · Klasse 5–10 · Grafik: Stefan Giertzsch

SPIELFELD, TEIL A (1)

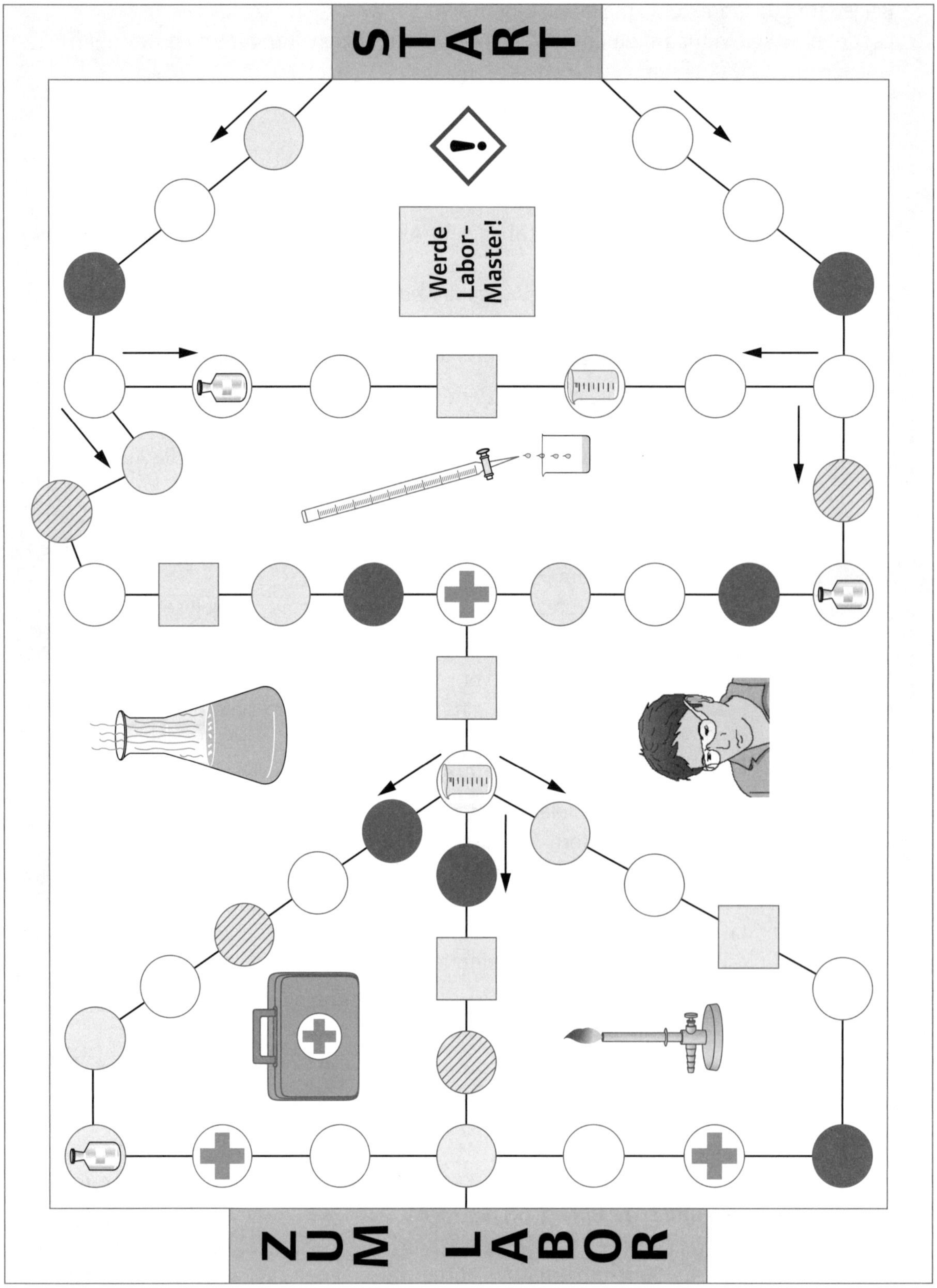

Hier zusammenkleben

Autor: Andreas G. Harm • Molekültanz • Lernspiele für Chemie • Klasse 5–10 • Grafik: Stefan Giertzsch

SPIELFELD, TEIL B (2)

Hier zusammenkleben

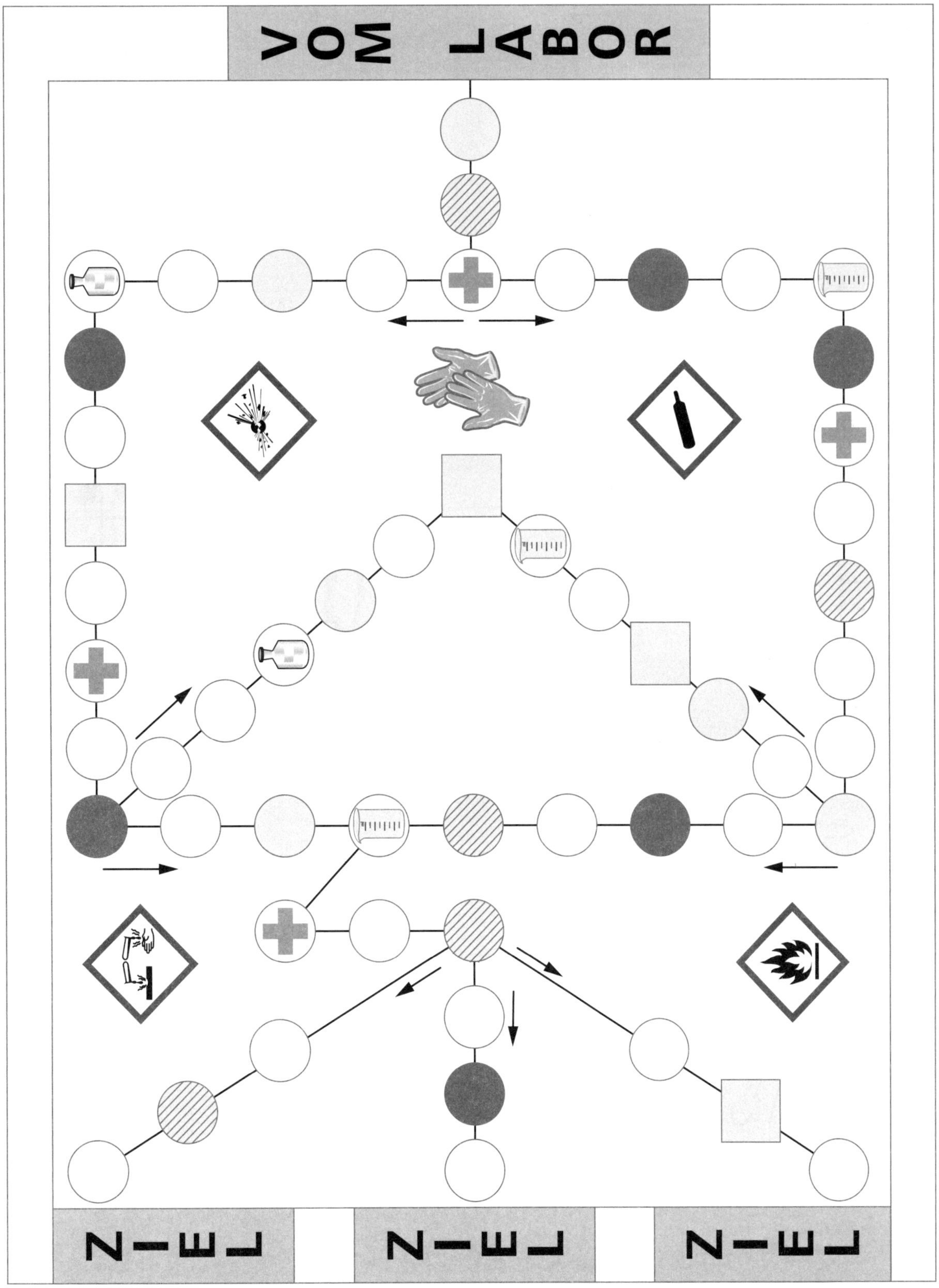

SPIELFIGUREN (3)

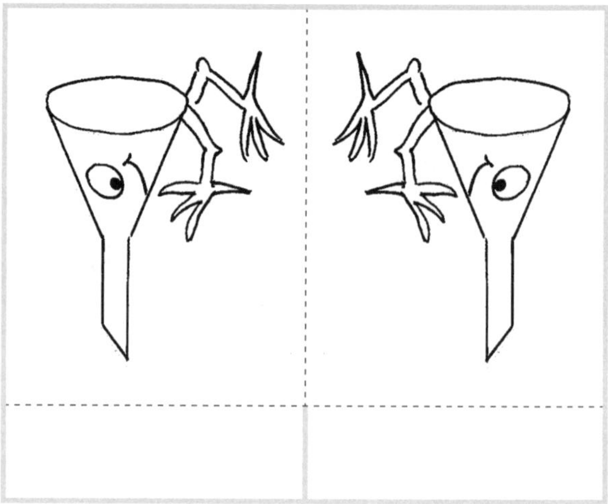

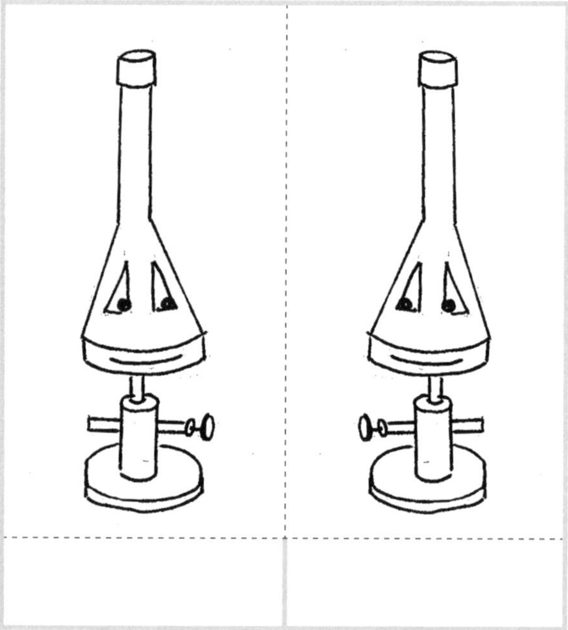

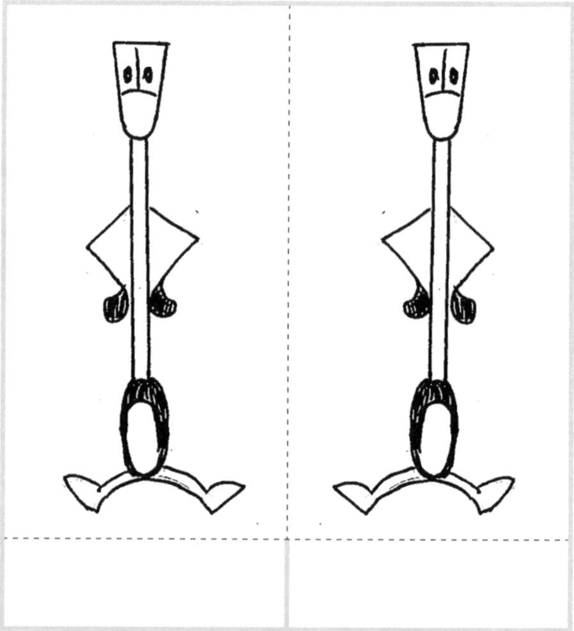

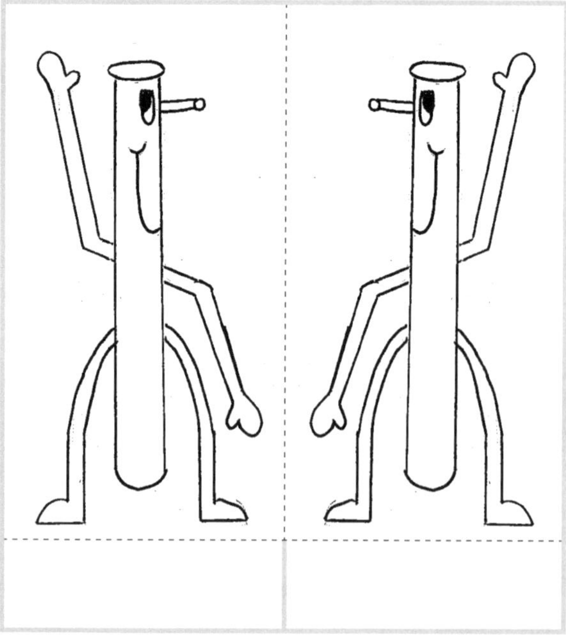

Autor: Andreas G. Harm • Molekültanz • Lernspiele für Chemie • Klasse 5–10 • Illustrationen: Andrea Harm

LABORMATERIAL: LABORGERÄTE (4)

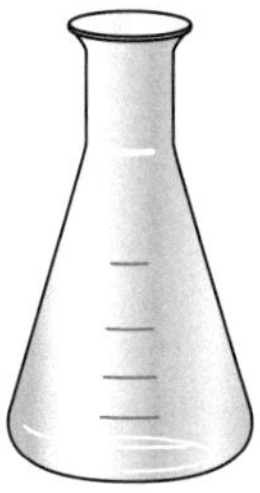
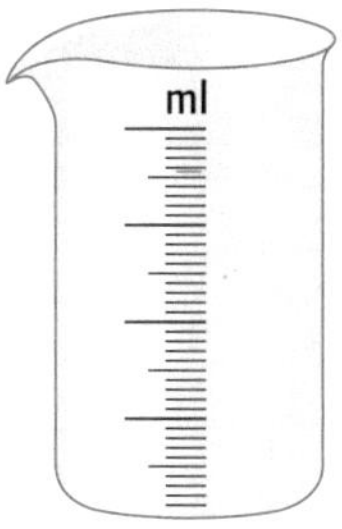

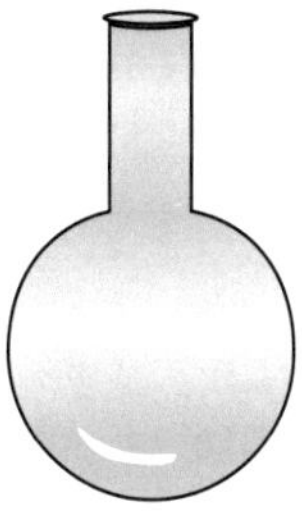

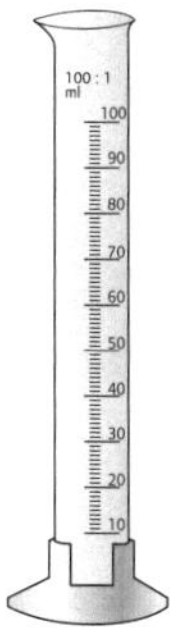

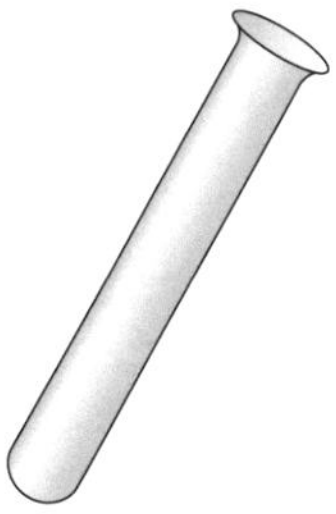

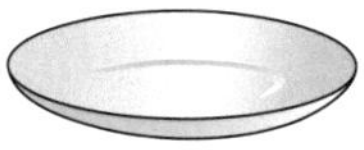
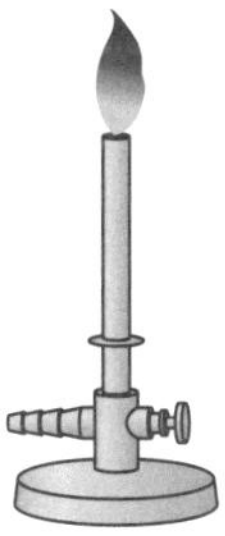
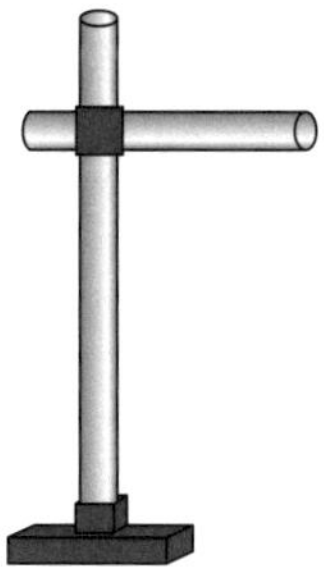

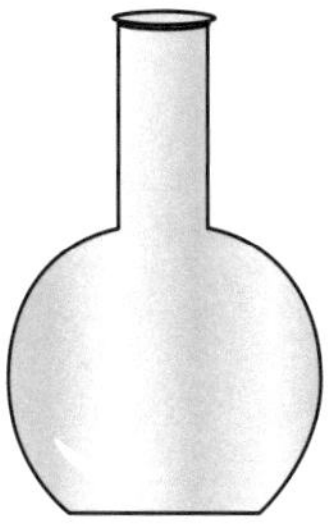

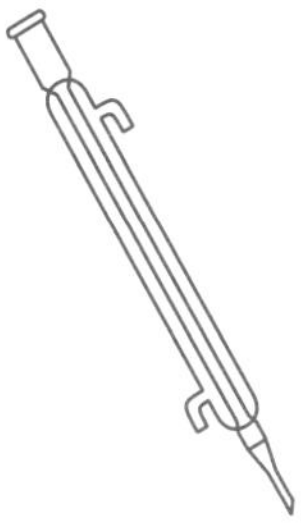

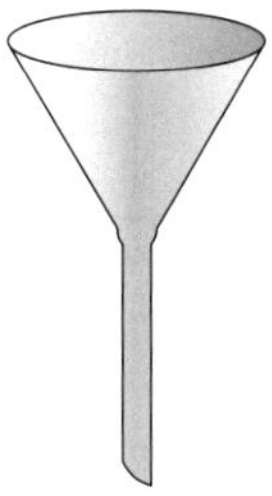
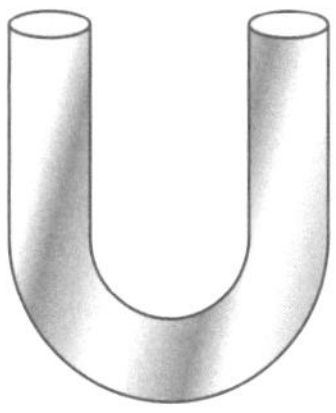
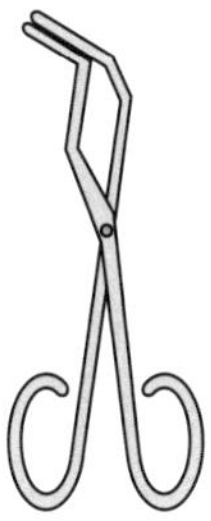

Autor: Andreas G. Harm • Molekültanz • Lernspiele für Chemie • Klasse 5–10 • Grafik: Stefan Giertzsch

LABORMATERIAL: CHEMIKALIEN (5)

Shutterstock/Andrii Horulko

Shutterstock/Cozine

Shutterstock/petite lili

Shutterstock/Gts

Shutterstock/Rvector

Shutterstock/konstantinks

Shutterstock/Petr Smagin

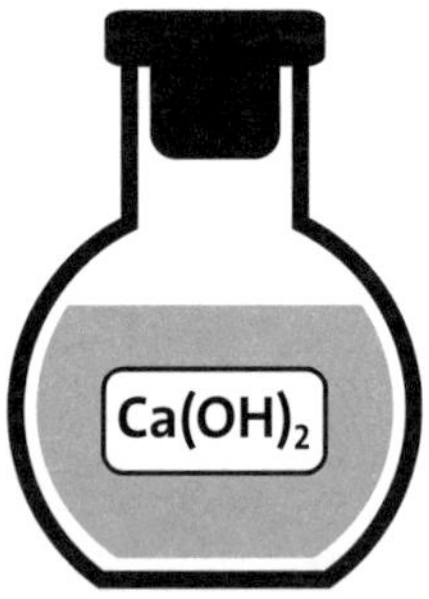

Shutterstock/konstantinks

Shutterstock/Stephen Barnes

Shutterstock/Picsfive

Shutterstock/specnaz

stock.adobe.com/helfei

stock.adobe.com/natalikaevsti

Shutterstock/Pixelspieler

Shutterstock/Ihor Matsiievskyi

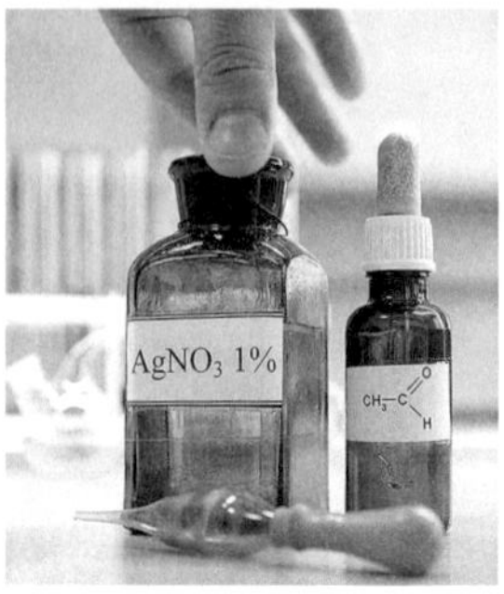

Shutterstock/arrideo

Shutterstock/devonx

Shutterstock/Marynchenko Oleksandr

Shutterstock/Marynchenko Oleksandr

Shutterstock/Oleksiy Mark

Autor: Andreas C. Harm • Molekültanz • Lernspiele für Chemie • Klasse 5–10

LABORMATERIAL: SCHUTZMASSNAHMEN UND ERSTE HILFE (6)

Shutterstock/CoolaM

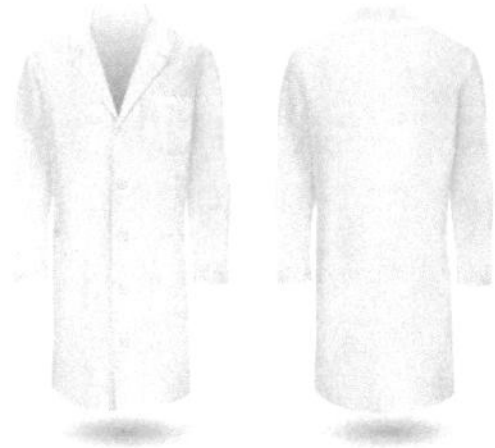
Shutterstock/Art_by_Danko

Shutterstock/SIRIKWAN DOKUTA

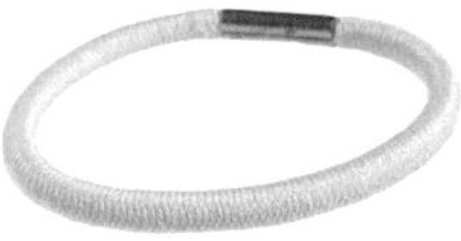
Shutterstock/Winai Tepsuttinun

Shutterstock/Romaset

Shutterstock/Joaquin Corbalan P

Shutterstock/NeydtStock

stock.adobe.com/Foustontene

Shutterstock/Khamkhlai Thanet

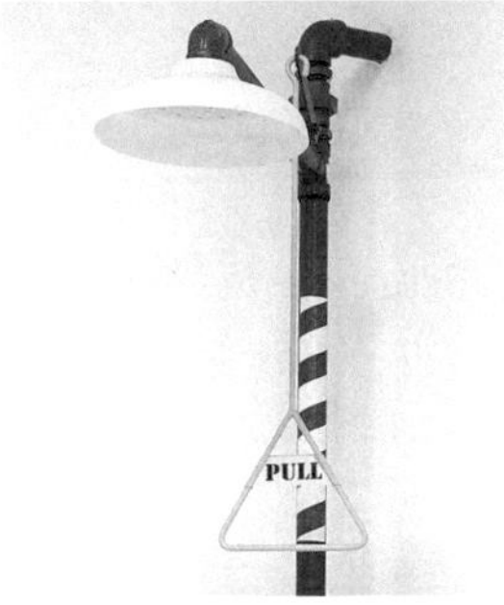

Shutterstock/Choksawatdikorn

Shutterstock/Praphan Jampala

Shutterstock/Georgejmclittle

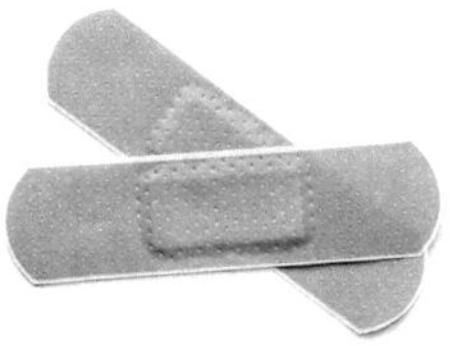
Shutterstock/Anton_Starikov

Shutterstock/photolinc

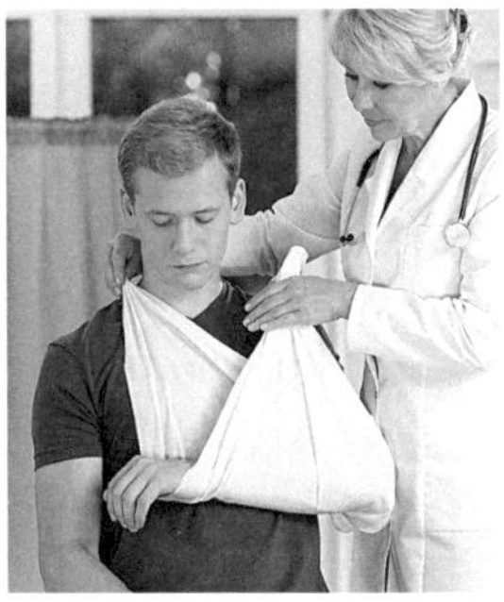
Shutterstock/Photographee.eu

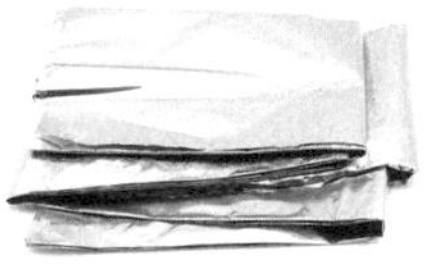
Shutterstock/bogdan ionescu

stock.adobe.com/Guido Grochowski

Shutterstock/Mark William Richardson

stock.adobe.com/travelview

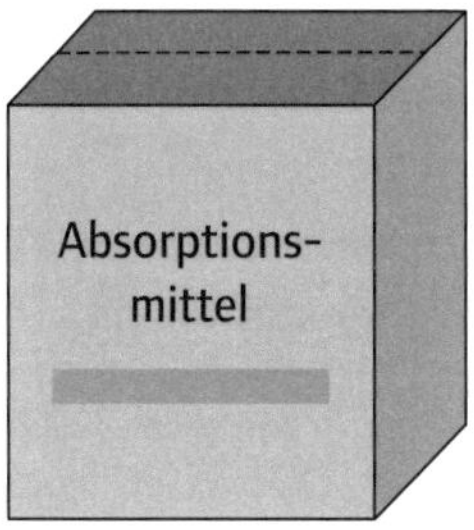

Stefan Giertzsch

AKTIONSKARTEN: ZEICHNEN – SYMBOLE/FORMELN (7)

Zeichne einen Erlenmeyerkolben.

Zeichne eine Tiegelzange.

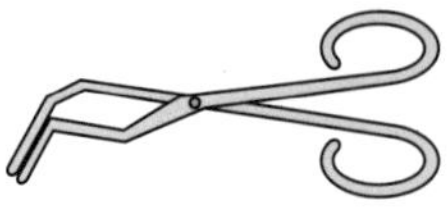

Zeichne einen Standkolben.

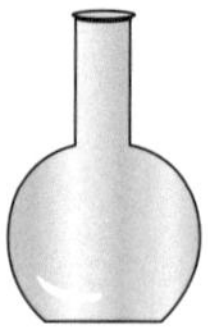

Zeichne eine Tropfpipette.

Zeichne Wasser in seinen 3 Aggregatzuständen.

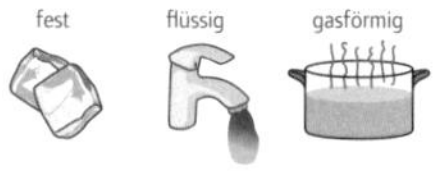

Zeichne den Aufbau einer Leitfähigkeitsmessung mit einer Batterie.

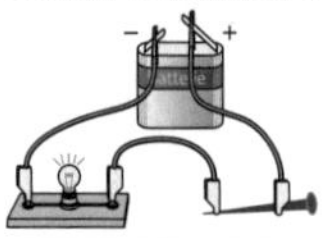

Zeichne die 3 Aggregatzustände im Kugelteilchenmodell.

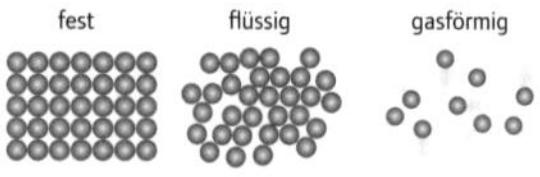

Zeichne den Aufbau einer Filtration.

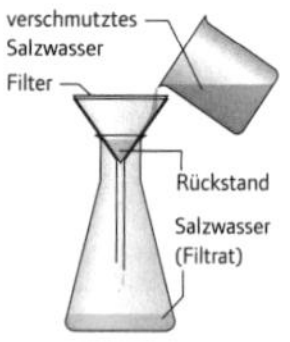

Zeichne als Kurve den Verlauf einer exothermen Reaktion.

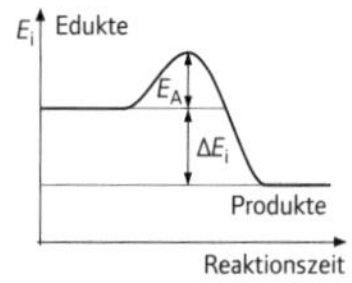

Zeichne, wie Wasserstoff in ein Reagenzglas gefüllt wird.

Schreibe das Symbol für Wasserstoff auf.

H

Schreibe das Symbol für Sauerstoff auf.

O

Schreibe das Symbol für Eisen auf.

Fe

Schreibe das Symbol für Kupfer auf.

Cu

Schreibe das Symbol für Schwefel auf.

S

Schreibe die Formel für Wasser auf.

H_2O

Schreibe die Formel für Kohlenstoffdioxid auf.

CO_2

Schreibe die Formel für Natriumchlorid auf.

NaCl

Schreibe die Formel für Kupferoxid auf.

CuO

Schreibe die Formel für Eisensulfid auf.

FeS

Autor: Andreas G. Harm • Molekültanz • Lernspiele für Chemie • Klasse 5–10 • Grafik: Stefan Giertzsch

AKTIONSKARTEN: PANTOMIME – AKTIONEN (8)

Stelle pantomimisch einen Trichter dar.	Stelle pantomimisch das Schmelzen von Eis dar.	Stelle pantomimisch chemisches Riechen dar.	Stelle pantomimisch einen Wasserstoff-Ballon dar.
Stelle pantomimisch den Prozess des Verdampfens (von flüssig zu fest) dar.	Stelle pantomimisch das Braten eines Spiegeleis dar.	Stelle pantomimisch die Verbrennung von Eisenwolle dar.	Stelle pantomimisch das richtige Löschen eines Fettbrandes dar (das Fett wird abgedeckt, nicht mit Wasser gelöscht).
Stelle pantomimisch das Schweißen von Eisenbahnschienen dar.	Stelle pantomimisch eine Wunderkerze dar.	Du hast deinen Arbeitsplatz sauber hinterlassen. Würfle nochmal.	Du hast alle Sicherheitsregeln eingehalten. Würfle nochmal.
Dein Experiment hat super geklappt. Würfle nochmal.	Du hast deinem Klassenkameraden geholfen. Würfle nochmal.	Du hast den Mitschülern ein cooles Experiment gezeigt. Würfle nochmal.	Oh weh – dein Arbeitsplatz ist ein reines Chaos. Setze 1 Runde aus, um aufzuräumen.
Du hast den Brenner angemacht, aber die Schutzbrille vergessen. Setze 1 Runde aus, um alle Sicherheitsregeln zu bedenken.	Die Versuchsanleitung war dir total egal. Deshalb hat dein Experiment nicht funktioniert. Setze 1 Runde aus, um die Anleitung genau durchzulesen.	Schock! Du hast deinen Mitschüler mit Säure gefährdet. Gehe hinter den letzten Mitspieler auf dem Spielfeld und entschuldige dich.	Explosion – zurück zum Start.

Autor: Andreas G. Harm • Molekültanz • Lernspiele für Chemie • Klasse 5–10 • Grafik: Stefan Giertzsch

FRAGEKARTEN 1: FRAGEN (9)

???

Erkläre die Bedeutung des Gefahrsymbols GHS01.

???

Erkläre die Bedeutung des Gefahrsymbols GHS02.

???

Erkläre die Bedeutung des Gefahrsymbols GHS04.

???

Erkläre die Bedeutung des Gefahrsymbols GHS05.

???

Erkläre die Bedeutung des Gefahrsymbols GHS06.

???

Erkläre die Bedeutung des Gefahrsymbols GHS07.

???

Erkläre die Bedeutung des Gefahrsymbols GHS08.

???

Erkläre die Bedeutung des Gefahrsymbols GHS09.

???

Erkläre die Bedeutung des Begriffes KONDENSATION.

Ein Stoff geht vom flüssigen in den gasförmigen Zustand über.

???

Erkläre die Bedeutung des Begriffes OXIDATION.

Eine Reaktion, bei der einem Stoff Sauerstoff hinzugefügt wird.

???

Erkläre die Bedeutung des Begriffes EXOTHERM.

Eine Reaktion, bei der Energie freigesetzt wird.

???

Was entsteht bei der Verbrennung von Holzkohle?

Kohlenstoffdioxid

???

Was beobachtet man bei der Erhitzung von Iod-Kristallen?

Iod geht vom festen direkt in den gasförmigen Zustand über.

???

Nenne 2 Metalloxide.

z. B. Aluminiumoxid, Eisenoxid, Kupferoxid, Magnesiumoxid, Zinkoxid

???

Was ist der Unterschied zwischen einem Element und einer Verbindung?

Eine Verbindung besteht aus mehreren Elementen.

???

Nenne 2 Verfahren der Stofftrennung.

z. B. Adsorbtion, Chromatographie Extraktion, Filtration, Destillation, Dekantieren, Sieben

???

Woraus besteht Knallgas?

aus Wasserstoff und Sauerstoff

???

Wie lässt sich Kohlenstoffdioxid nachweisen?

durch Kalkwasser (es trübt sich)

???

Welche Gase kann man in einen Luftballon füllen, damit er steigt?

Helium und Wasserstoff

???

Welches Gas bildet den größten Anteil der Luft?

Stickstoff

Autor: Andreas G. Harm • Molekultanz • Lernspiele für Chemie • Klasse 5–10 • Grafik: Stefan Giertzsch

FRAGEKARTEN 2: FRAGEN (10)

??? Welcher Stoff ist in Meersalz enthalten? Natriumchlorid	??? Welcher Stoff in einer Backmischung bewirkt das Aufgehen eines Kuchenteigs? Natron oder Natrium-hydrogencarbonat	??? Nenne 3 Edelmetalle. z. B. Helium, Neon Argon, Krypton, Xenon	??? Wie viel Prozent Sauerstoff enthält die Luft (ca.)? Ca. 20–21 %
??? Welche Gase werden als Raketentreibstoff verwendet? Wasserstoff und Sauerstoff	??? Worin besteht der Unterschied zwischen Eisen und Stahl? Stahl ist veredeltes Eisen.	??? In welchem Laborgerät lassen sich grobkörnige Chemikalien am besten zerkleinern? im Mörser	??? Wie hießen die Chemiker im Mittelalter? Alchemisten
??? Wie kann beim Brenner die rauschende Flamme erreicht werden? durch Aufdrehen der Luftzufuhr	??? Nenne ein Beispiel einer Extraktion. das Zubereiten von Tee	??? Durch welches Trennverfahren kann man nachweisen, dass sich die Farbe schwarz aus mehreren Farben zusammensetzt? Chromatographie	??? Nenne 2 Möglichkeiten des Rostschutzes. Lackieren, Einfetten
??? Welche Stoffe entstehen bei der Reaktion von Metallen mit Schwefel? Sulfide	??? Welche Aussage gibt das Gesetz von der Erhaltung der Masse? Bei chemischen Reaktionen geht keine Masse verloren.	??? Erkläre den Unterschied zwischen Edukt und Produkt Edukt: Ausgangsstoff Produkt: entstehender Stoff nach einer Reaktion	??? Wofür wird das Thermitverfahren genutzt? zum Verschweißen von Eisenbahnschienen

FRAGEKARTEN: MULTIPLE-CHOICE (11)

Dir ist beim Experimentieren Säure auf die Hand getropft. Was tust du?
a) Ich hole mir ein Wundpflaster.
b) Ich wasche die Hand mit viel Wasser ab. ×
c) Ich probiere die Säure auch an meinem Heft aus.

Du atmest aus einem Neonballon den Inhalt ein
a) Er explodiert.
b) Du erstickst.
c) Deine Stimme wird auf einmal ganz piepsig. ×

Zuhause hast du einen coolen Chemiekasten. Was machst du mit den Chemikalienresten?
a) Natürlich bringe ich sie zum Schadstoffmobil. ×
b) Alle Reste können problemlos in den Restmüll.
c) Der Vater meines Freundes hat Schweine – die fressen alles.

Du gießt dir selbst eine Kerze und weißt, dass beim Brennen
a) nur der Docht brennt,
b) der verdampfende Wachs brennt, ×
c) aus dem Paraffin entstehender Wasserstoff brennt.

In deinem Dorf herrscht Chaos – wer hinterlässt den stärksten Schmutz?
a) Nachbars Hund, weil du immer in seine Haufen trittst.
b) Der Autotuner, weil Öl aus dem Motor tropft. ×
c) Die unzähligen Zigarettenkippen.

Du bist begeistert von den alten Griechen und weißt, wer beim Baden die Dichte entdeckt hat:
a) Plato
b) Sokrates
c) Archimedes ×

Du möchtest ein schönes Türschild aus Messing herstellen und gießt in eine Form
a) Kupfer und Zink, ×
b) Kupfer und Eisen,
c) Kupfer und etwas Gold.

Du erhältst in einer Chemiefirma den Job eines Analytikers und
a) stellst neue Stoffe her,
b) untersuchst Stoffe, ×
c) lässt andere für die arbeiten.

Du bereitest Pommes Frites zu, doch das Fett fängt nach einer Weile an zu brennen. Was machst Du?
a) Schnell weg – es könnte gefährlich werden.
b) Gelöscht wird am besten mit Wasser.
c) Schnell einen Deckel auf den Topf. ×

Ihr feiert eine Party im Garten und wollt eure Getränke schön kalt. Was macht ihr?
a) Wir packen sie in eine Kiste mit Eiswürfeln und geben Salz hinzu. ×
b) Wir holen die Flaschen nach 2 Stunden aus dem Gefrierfach.
c) Bevor wir die Getränke kaltstellen sind sie schon leer.

In eurer Familie habt ihr viele Fahrräder – welches rostet am schnellsten?
a) Das alte Fahrrad von Oma im Keller (wer rastet, der rostet).
b) Das Alu-Rad im Metall-Geräteschuppen.
c) Das Fahrrad im Vorgarten. ×

Du hast ein altes Handy auf dem Dachboden gefunden. Was machst du damit?
a) Da es kein Touchscreen hat, kommt es in den Müll.
b) Elektrogeräte bringen wir immer zum Recyclinghof. ×
c) Ich erhitze es so lange mit dem Schweißbrenner bis das Gold heraustropft.

Eine wertvolle Klangschale aus Kupfer ist oxidiert und muss innen wieder glänzen. Deshalb
a) gibst du Kohle hinein und erhitzt sie, ×
b) kippst du Batteriesäure hinein,
c) schließt du sie an eine Steckdose an.

In der Schule destilliert ihr Cola. Was entsteht als Destillat?
a) Cola-Schnaps
b) farblose Cola ohne Kohlensäure ×
c) Nur das Wasser der Cola bleibt als Destillat übrig.

Im Urlaub besuchst Du mit deinem Hund eine Höhle. Nach einigen Metern bleibt der Hund regungslos liegen.
a) Bei Angst läuft mein Hund nicht weiter.
b) Hier muss sich Kohlenstoffdioxid am Boden verteilt haben. ×
c) Er hat zu viel Feuchtigkeit eingeatmet.

Du hast keinen Klebestift mehr. Deshalb stellst du am besten Kleber her aus
a) Gummibärchen, ×
b) Zuckerwasser,
c) Gips.

Autor: Andreas G. Harm • Molekültanz • Lernspiele für Chemie • Klasse 5–10 • Grafik: Stefan Giertzsch

AKTIONSKARTEN: EXPERIMENTE (12)

Backpulver Citronensäure	Sauerstoff Holzspan	Chips Feuerzeug	2 Dosen Cola Cola normal, Cola light
Blaue Tinte, Aktivkohle	Kerze, Glasröhrchen	Große Spritze, Kohlenstoffdioxid, Waage	Eisenwolle, Feuerzeug, Waage
Büroklammer, Wasser	Magnesium, Kohlenstoffdioxid	Salz, Wasser, Heizung	Wasser, Sonnenblumenöl, Brausetablette
2 große Spritzen, Schlauchstück, Sauerstoff, Wasser	Windel, Wasser	Zitrone, Pinsel, Papier	Becherglas, Teelicht, Wasser, Glasschale
Gummibärchen, Wasser	Aluminium, Eisenoxid, Wunderkerze	Kreide, Schmierseife, Pfefferminzöl	Luftballon, Wasser, Teelicht

Autor: Andreas G. Harm • Molekültanz • Lernspiele für Chemie • Klasse 5–10 • Grafik: Stefan Giertzsch

BLANKOKARTEN FÜR EIGENE IDEEN (13A)

! ! !	! ! !	! ! !	! ! !

Autor: Andreas G. Harm • Molekültanz • Lernspiele für Chemie • Klasse 5–10 • Grafik: Stefan Giertzsch

BLANKOKARTEN FÜR EIGENE IDEEN (13B)

???	???	???	???
???	???	???	???

Autor: Andreas G. Harm • Molekültanz • Lernspiele für Chemie • Klasse 5–10 • Grafik: Stefan Giertzsch

KARTENBOX (14)

Benötigt wird:
- dünner Karton A4 (Deckel einer Schuhschachtel, Kalenderrückseite etc.)
- Schere, Stift, Klebestift, Geschenkpapier zum Bekleben

Skizze für den Umriss der Box vergrößern, ausdrucken und auf Karton übertragen.

1. Bauanleitung für eine Kartenbox

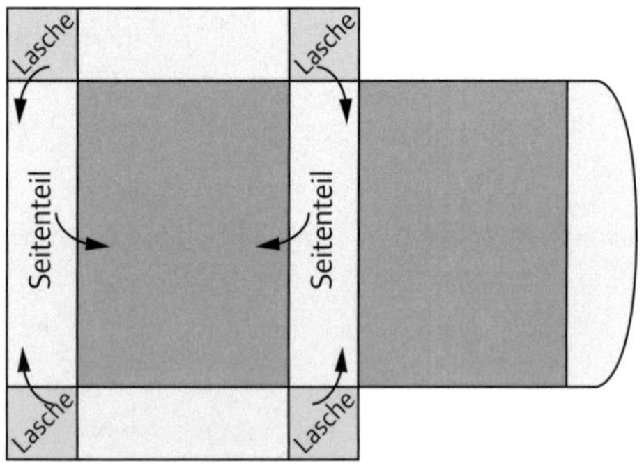

Laschen und Seitenteile (Längsseite) nach oben falten.

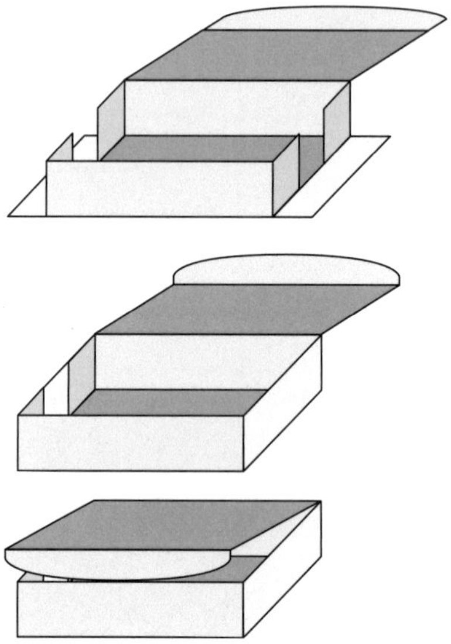

Seitenteile (Breitseite) nach oben falten und an den Laschen ankleben. Lasche für Verschluss ebenfalls falten. Fertig ist die Schachtel.

2. Bauanleitung für einen Karteikasten

1. Du brauchst einen DIN-A3-Bogen Plakatkarton. Auf diesen werden dann die folgenden Maße eingetragen:
2. Schneide das Rechteck aus und schneide an den 4 Stellen, die mit der Schere gekennzeichnet sind, entlang der gestrichelten Linie ein. Falte den Karton zu einer offenen Schachtel und klebe ihn zusammen.

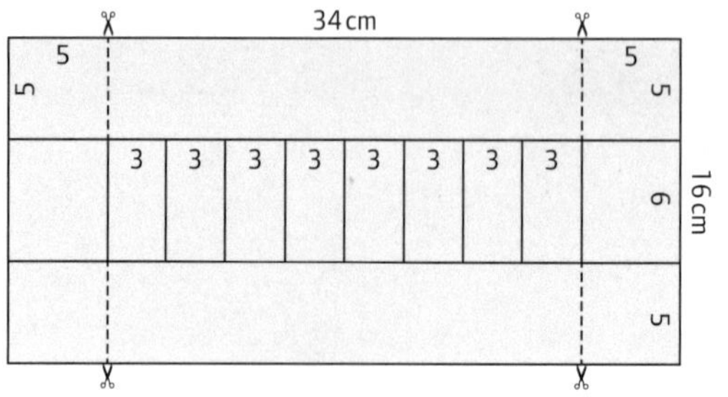

3. Für die Zwischenwände schneide den Karton entsprechend der Skizze aus, klebe sie ein und beschrifte die Fächer.

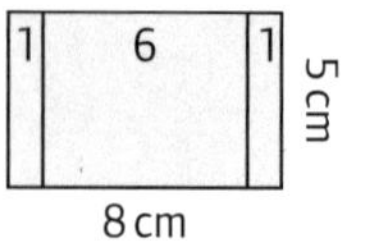

4. Schneide dir einen Stapel Zettel zurecht, die du als Karteikarten verwenden kannst bzw. ordne die Spielkarten (Laborgeräte, Chemikalien, Schutzmaßnahmen).

Autor: Andreas G. Harm • Molekültanz • Lernspiele für Chemie • Klasse 5–10 • Grafik: Stefan Giertzsch

Steinreich

Spielform	Molekülbau
Unterrichtskontext	Molekülbildung
Kompetenzschwerpunkt	Erkenntnisgewinnung (Modell anwenden)
Zeit	10–20 min
Spieler	2 bis 6
Material	Beutel mit Spielsteinen, Übersichtskarte, Punktekarte

VORBEREITUNG

- Spielsteine auf dickeres Papier kopieren kopieren (pro Spielgruppe 3 Sets), laminieren und ausschneiden.
- Spielsteine in einen Beutel füllen.
- Punktekarte erstellen.

ABLAUF

1. Jeder Spieler greift in den Beutel und nimmt sich 5 Spielsteine.
2. Der Spieler mit den meisten Sternen auf den Spielsteinen darf beginnen.
3. Der Spieler, der an der Reihe ist, darf mit seinen Spielsteinen ein oder zwei Moleküle bauen. Ein Molekül ist richtig dargestellt, wenn sich aus den zusammengebauten Spielsteinen ein gleichmäßiges Rechteck ergibt (s. Beispiele). Es dürfen aber keine Metalle miteinander kombiniert werden.
4. Für jeden verwendeten Spielstein gibt es 2 Punkte. Wird das Molekül richtig benannt, gibt es 2 Extrapunkte. Kann ein Spieler kein Molekül bilden, nimmt er sich einen neuen Spielstein aus dem Beutel. Er darf aber erst in der darauffolgenden Runde ein Molekül damit bilden.
5. Das Spiel ist beendet, wenn ein Spieler keine Spielsteine mehr besitzt oder wenn eine vorher festgesetzte Zeit oder Spielrundenzahl erreicht ist.
6. Gewinner ist derjenige mit den meisten Punkten.

VARIATION

- Jeder Spieler nimmt sich die gleiche Anzahl an gleichgroßen Spielsteinen (z. B. je 3 Einer, Zweier, Dreier).
- Der Lehrer gibt vor, dass nur Oxide, Chloride oder Sulfide bebildert werden dürfen.

ÜBERSICHTSKARTE FARBEN UND SPIELSTEINE

Ein Spielstein

[Na]	[H*]	[K*]	[Cl]
weiß	blau	rot	grün
Natrium	Wasserstoff	Kalium	Chlor
Na	H	K	Cl

Zwei Spielsteine

[O *]	[M][g*]	[C][u]	[S]
weiß	blau	rot	gelb
Sauerstoff	Magnesium	Kupfer	Schwefel
O	Mg	Cu	S

Zwei Spielsteine

[C][a*]	[F][e*]
gelb	grau
Calcium	Eisen
Ca	Fe

Drei Spielsteine

[ ][Fe*][ ]	[ ][P][ ]	[ ][N*][ ]	[ ][Al][ ]
grau	weiß	blau	grün
Eisen	Phosphor	Stickstoff	Aluminium
Fe	P	N	Al

Vier Spielsteine

[ ][ ][S][ ]	[ ][ ][C*][ ]
gelb	schwarz
Schwefel	Kohlenstoff
S	C

Autor: Andreas G. Harm • Molekültanz • Lernspiele für Chemie • Klasse 5–10 • Grafik: Stefan Giertzsch

SPIELSTEINE

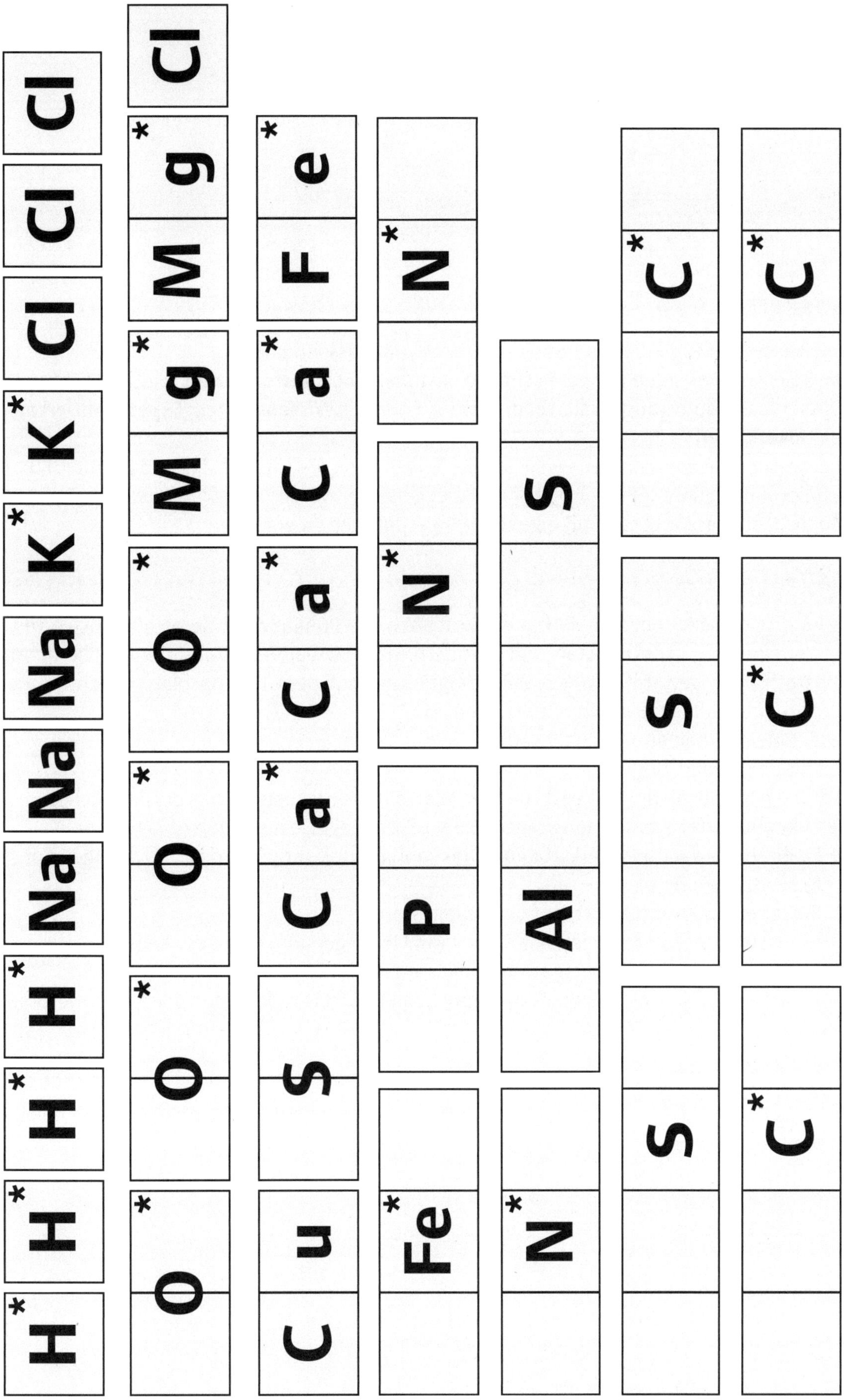

Autor: Andreas G. Harm • Molekültanz • Lernspiele für Chemie • Klasse 5–10 • Grafik: Stefan Giertzsch

Wer wird Cheminator?

Spielform	Kartenspiel
Unterrichtskontext	Allgemeinwissen Chemie
Kompetenzschwerpunkt	Fachwissen, Kommunikation, Erkenntnisgewinnung, Bewertung
Zeit	30–50 min
Spieler	5
Material	Spielkarten, Punktezettel, Stift

VORBEREITUNG

- Spielkarten auf Papier / Kartonpapier kopieren und ausschneiden.
- Die Spielkarten werden gut gemischt. Sie bestehen aus **Rohstoffkarten** (Metall, Nichtmetall, Wasser, Gas, Säure, Lauge, Salz, Lebensmittel, Energie), **Wissenskarten, Experimentierkarten** und **Jokerkarten.**
- Die Wissenskarten umfassen verschiedene Teilbereiche der Chemie, Sekundarstufe I. Für die Schüler unbekannte Teilbereiche können weggelassen werden. Die Blanko-Karten geben die Möglichkeit, das Kartenset mit eigenen Schwerpunkten zu ergänzen.

ABLAUF

1. Es wird 1 Spielleiter gewählt. Er hat die Aufgaben, die Punkte zu notieren, die Antworten der Wissensfragen zu kontrollieren und zu überprüfen, ob bei den Experimenten die richtigen Rohstoffkarten gewählt wurden. Zur Orientierung auf dem Lösungsblatt helfen die Kennzeichnungen auf den Experimentierkarten.
2. Jeder Spieler erhält am Anfang 5 Karten.
3. Der älteste Spieler fängt an.
4. Wenn ein Spieler an der Reihe ist, zieht er 1 Karte und entscheidet, was er tun möchte:
   a) Er beantwortet eine Wissensfrage (2 Punkte) und legt sie auf einen Ablagestapel.
   b) Er legt eine Experimentierkarte aus. Dies kann er tun, wenn er 2 der notwendigen Rohstoffe besitzt (5 Punkte).
   c) Er legt einen Joker (1 Punkt) auf den Ablagestapel.
   d) Er macht nichts und der nächste Spieler (im Uhrzeigersinn) ist an der Reihe.
5. Der Joker kann auch als beliebige Rohstoffkarte genutzt werden.
6. Das Spiel ist zu Ende, wenn eine festgelegte Zeit erreicht ist oder wenn alle Karten verbraucht sind.

ROHSTOFFKARTEN (1)

(5-mal für das Kartenset kopieren)

Metall

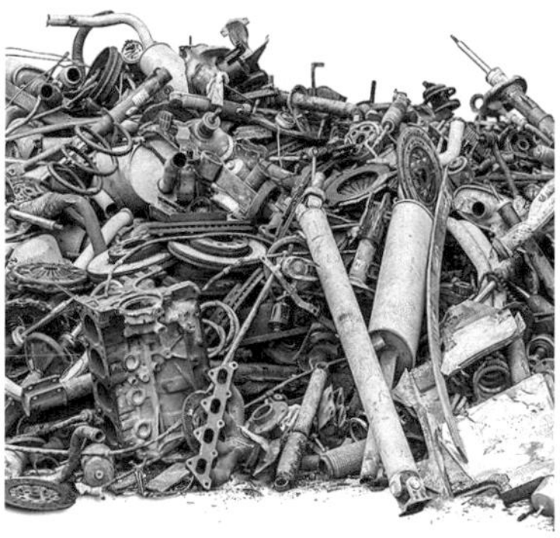

Shutterstock/Carmian

Nichtmetall

Shutterstock/Olga Bondas

Wasser

Shutterstock/Peter Bocklandt

Energie

Shutterstock/Ron Dale

Gas

Shutterstock/Gencho Petkov

Säure

Shutterstock/Petr Smagin

Lauge

Shutterstock/Petr Smagin

Salz

Shutterstock/grafvision

Lebensmittel

Shutterstock/bitt24

Autor: Andreas G. Harm • Molekültanz • Lernspiele für Chemie • Klasse 5–10

WISSENSKARTEN (2A)

CHEMIEWISSEN 1

Es ist Winter und eine Glasscheibe beschlägt. Wie wird dieser Vorgang der Aggregatzustandsänderung genannt?

CHEMIEWISSEN 2

Nenne 2 persönliche Schutzmaßnahmen und 2 Sicherheitseinrichtungen im Chemieraum!

CHEMIEWISSEN 3

Welches ist das häufigste Element im Weltall?

CHEMIEWISSEN 4

Warum schwimmt Eis auf der Wasseroberfläche?

CHEMIEWISSEN 5

Welchen pH-Wert besitzt eine neutrale Lösung?

CHEMIEWISSEN 6

Was ist eine Legierung?

CHEMIEWISSEN 7

Richtig oder Falsch? Der menschliche Körper strahlt radioaktiv!

CHEMIEWISSEN 8

Durch welches Trennverfahren lassen sich Salze aus Meerwasser entfernen?

CHEMIEWISSEN 9

Welches Gas entsteht, wenn Brause in Wasser geschüttet wird?

CHEMIEWISSEN 10

Welches chemische Element haben alle Sulfide gemeinsam?

CHEMIEWISSEN 11

Worin unterscheidet sich die Chemie von der Physik?

CHEMIEWISSEN 12

Durch welchen Stoff lässt sich allgemein eine chemische Reaktion beschleunigen?

WISSENSKARTEN (2B)

CHEMIEWISSEN 13 Was geschieht energetisch gesehen bei einer exothermen Reaktion?	**CHEMIEWISSEN 14** Wird Eisenwolle schwerer oder leichter, wenn du sie entzündest?	**CHEMIEWISSEN 15** Welches Gas kannst du durch die Glimmspanprobe nachweisen?
CHEMIEWISSEN 16 Was kann man beobachten, wenn man Kohlendioxid in Kalkwasser leitet?	**CHEMIEWISSEN 17** Nenne 4 Edelgase!	**CHEMIEWISSEN 18** Was ist Trockeneis?
CHEMIEWISSEN 19 Welches der folgenden Metalle brennt auch unter Wasser? Zink – Magnesium – Nickel	**CHEMIEWISSEN 20** Richtig oder falsch? Eine brennende Kerze erlischt in Wasserstoff.	**CHEMIEWISSEN 21** Welche 2 Gase werden verwendet, um eine Rakete anzutreiben?
CHEMIEWISSEN 22 Wie wird ein Brand in einer Fritteuse am besten gelöscht?	**CHEMIEWISSEN 23** Richtig oder falsch? Eine Cola-light-Getränkedose schwimmt auf dem Wasser, eine reguläre Cola geht unter.	**CHEMIEWISSEN 24** Wie nennt man eine chemische Reaktion, bei der Sauerstoff von einem Element aufgenommen wird?

Autor: Andreas G. Harm • Molekültanz • Lernspiele für Chemie • Klasse 5–10

WISSENS- UND BLANKOKARTEN (2C)

CHEMIEWISSEN 25 Welches chemische Element ist Plumbum?	**CHEMIEWISSEN 26** Wie wird Erdgas als chemische Verbindung genannt?	**CHEMIEWISSEN 27** Aus welchem chemischen Element ist Ozon aufgebaut?
CHEMIEWISSEN 28	**CHEMIEWISSEN 29**	**CHEMIEWISSEN 30**
CHEMIEWISSEN 31	**CHEMIEWISSEN 32**	**CHEMIEWISSEN 33**
CHEMIEWISSEN 34	**CHEMIEWISSEN 35**	**CHEMIEWISSEN 36**

EXPERIMENTIERKARTEN (3A)

EXPERIMENT **LB 2a** Du stellst leckeren Karamell aus Zucker her. Erhitze ihn vorsichtig bis er braun wird.	**EXPERIMENT** **LB 2b** Damit das Trinkwasser, das aus Meerwasser gewonnen wird, auch gut schmeckt und gesund ist, werden ihm Mineralien zugesetzt.	**EXPERIMENT** **LB 2c** Aus Kirschwein kannst du durch Destillation Kirschwasser herstellen.
EXPERIMENT **REDOX 2a** Damit dein Fahrrad nicht rostet wurde der Metallrahmen verchromt.	**EXPERIMENT** **REDOX 2b** Das rotgolden glänzende Regenrohr aus Kupfer wird durch Korrosion dunkelgrün.	**EXPERIMENT** **REDOX 2c** Ozon entsteht durch Oxidation von molekularem Sauerstoff.
EXPERIMENT **S/L 2a** Bei Sodbrennen nimmst du eine neutralisierende Hydroxidtablette.	**EXPERIMENT** **S/L 2b** Ein Metallplättchen in deinem Wärmekissen löst den Kristallisationsprozess eines Salzes aus.	**EXPERIMENT** **S/L 2c** Brezeln werden vor dem Backen mit Natriumhydroxid-Lösung bestrichen, um dann eine schöne braune Farbe zu erhalten.
EXPERIMENT **H_2O 2a** Durch Elektrolyse von Wasser kann man Sauerstoff und Wasserstoff gewinnen.	**EXPERIMENT** **H_2O 2b** Im Winter wird durch Salzstreuung eine Erniedrigung des Gefrierpunktes erreicht. So rutschen die Leute vor deinem Haus nicht aus.	**EXPERIMENT** **H_2O 2c** Durch Einleitung von Kohlendioxid in Wasser schmeckt dein Leitungswasser gleich viel erfrischender.

Autor: Andreas G. Harm • Molekültanz • Lernspiele für Chemie • Klasse 5–10

EXPERIMENTIERKARTEN (3B)

EXPERIMENT
GASE 2a
Unedle Metalle setzen in Säuren Wasserstoff frei.

EXPERIMENT
GASE 2b
Chlorgas kann gewonnen werden, wenn Salzsäure auf Kaliumpermanganat getropft wird.

EXPERIMENT
GASE 2c
Willst du länger unter Wasser tauchen, benötigst du eine Flasche, in der ein Gemisch aus 21 % Sauerstoff und 79 % Helium enthalten ist.

EXPERIMENT
OC 2a
Alkohol hat eine zerstörerische Wirkung auf Eiweiß.

EXPERIMENT
OC 2b
Verbrennen organische Stoffe wie Zucker oder Mehl, so siehst du das an der Verkohlung (schwarzer Rückstand).

EXPERIMENT
OC 2c
Wohlriechende Fruchtester lassen sich durch die Reaktion eines Alkohols mit einer Carbonsäure herstellen.

EXPERIMENT
LB 4a
Für eine wohlschmeckende Brause benötigst du Natron, Zucker, Citronensäure und einen Fruchtzusatz (z. B. Orangenschalen).

EXPERIMENT
LB 4b
Bei der Herstellung von Cola benötigst du Wasser, Zucker, Säuren und Gewürze.

EXPERIMENT
REDOX 4c
Wenn du einen Bleistiftspitzer mit einer Stahlklinge und einem Gehäuse aus Aluminium in Salzwasser legst, wird nach einiger Zeit das Aluminium oxidiert. Der Spitzer zerfällt, die Klinge bleibt aber unversehrt.

EXPERIMENT
REDOX 4a
Bei der Synthese von Ammoniak wird zunächst durch Reaktion von Methan mit Wasserdampf der Wasserstoff vom Kohlenstoff getrennt; später wird der Wasserstoff mit Stickstoff unter Hochdruck bei 450 °C zu Ammoniakgas umgesetzt.

EXPERIMENT
S/L 4b
Schwarzer Tee als Indikator: Gib schwarzen Tee in heißes Wasser. Die Farbe verändert sich je nach Zutat: Bei Zugabe von Natron verdunkelt sich der Tee, bei Zugabe von Zitronensaft wird die Farbe heller.

EXPERIMENT
S/L 4c
Um einen Silberspiegel in einer Glaskugel zu erhalten, benötigst du Traubenzucker, Silbernitrat, Natronlauge und Ammoniaklösung.

Autor: Andreas G. Harm • Molekültanz • Lernspiele für Chemie • Klasse 5–10

EXPERIMENTIERKARTEN (3C)

EXPERIMENT
H_2O 4a
Zur Herstellung eines Rohrreinigers benötigst du Wasser, Natriumhydroxid, Aluminium und Natriumnitrat (zur Bindung des freiwerdenden Wasserstoffs).

EXPERIMENT
H_2O 4b
In 3 Kolben mit Wasser werden reiner Schwefel, Schwefeldioxid und ein Düngersalz (Eisensulfat) gegeben. Du stellst fest, nur der reine Schwefel löst sich nicht.

EXPERIMENT
GASE 4a
Saurer Regen entsteht, wenn die Industrieabgase Stickstoffoxid und Schwefeldioxid mit Sauerstoff reagieren und sich in Wasser lösen.

EXPERIMENT
GASE 4b
Im Deospray ist neben Wasser, Aluminiumkaliumsulfat (bakterientötend) und Alkohol auch Butangas als Treibmittel enthalten.

EXPERIMENT
OC 4a
Mischst Du Fruchtsaft mit Zucker, Wasser und Hefe beginnt langsam eine alkoholische Gärung und es entsteht Fruchtwein.

EXPERIMENT
OC 4b
Leim aus Milch: Versetze Magermilch mit Essigessenz. Dann gib zum ausgeflockten Casein Wasser und Natron (zur Neutralisation). Nach etwas Quellzeit entsteht ein klebefähiger Leim.

EXPERIMENT
LB 3a
Du hast Salz und Zucker vertauscht, weißt aber nicht in welchem Gefäß welcher Stoff ist. Deshalb erhitzt du die Stoffe. Der Karamellgeruch verrät dir natürlich sofort, was Zucker ist.

EXPERIMENT
LB 3b
Du willst den Wassergehalt von Lebensmitteln feststellen und erhitzt dazu 50 g Brot und 50 g Apfel im Trockenschrank. Nach dem Wiegen stellst du fest, dass Brot ca. 50 % (wiegt nur noch ca. 25 g) und der Apfel etwa 85 % (wiegt nur noch ca. 8 g) Wasser enthält.

EXPERIMENT
LB 3c
Die Marzipan-Kerze: Forme aus Marzipanrohmasse eine Kerze und stecke einen frischen Mandelsplitter als Docht hinein. Die in der Mandel enthaltenen ätherischen Öle sind brennbar; deshalb kannst du die Kerze entzünden.

EXPERIMENT
REDOX 3a
Um ein Gummibärchen brennen und brummen zu lassen, wird es in eine Kaliumnitratschmelze geworfen.

EXPERIMENT
REDOX 3c
Die Zitronenbatterie: Stecke ein Kupferblech und ein Zinkblech in eine Zitrone, dann kannst du mit einem Messgerät Strom messen.

EXPERIMENT
REDOX 3c
Verbrennst du in einem Standzylinder Magnesium in Kohlendioxid, so wird das Magnesium oxidiert (Bildung eines weißen Feststoffes) und Kohlendioxid reduziert (Rußbildung).

Autor: Andreas G. Harm • Molekültanz • Lernspiele für Chemie • Klasse 5–10

EXPERIMENTIERKARTEN (3D)

EXPERIMENT
S/L 3a
Beim Springbrunnenversuch wird durch Erwärmung von Ammoniak Salmiakgeist gewonnen. Wird das Gas in einem Rundkolben mit Glasspitze in Wasser gehalten, strömt das Wasser springbrunnenartig in den Kolben, da sich das Gas langsam im Wasser löst und ein Unterdruck das Wasser in den Kolben strömen lässt.

EXPERIMENT
S/L 3b
Du gibst in Blaukraut etwas Essig und es färbt sich rot. Bei Zugabe von Natron nimmt es wieder eine bläuliche Farbe an.

EXPERIMENT
S/L 3c
Säuren entstehen bei der Reaktion von Nichtmetallen mit Sauerstoff und dem anschließenden Lösen des Gases in Wasser.

EXPERIMENT
H_2O 3a
Wasser wird zerlegt: Dazu wird in einem Reagenzglas feuchter Sand erwärmt. Magnesium wird zum Glühen gebracht. Wasserdampf strömt das glühende Magnesium und es entsteht Wasserstoff, der entzündet werden kann.

EXPERIMENT
H_2O 3b
Löst du Ammoniumchlorid und Kaliumnitrat in Wasser, so kannst du eine Kältemischung von –25 °C erhalten.

EXPERIMENT
H_2O 3c
Ein gekochtes Ei bringst du im Wasser zum Schweben, wenn du die Dichte der Lösung durch ausreichend Salzzugabe erhöhst.

EXPERIMENT
GASE 3a
Es kommt im Bergbau zu einer Explosion von Grubengas, wenn ein kleiner Funke das gefährliche Gemisch aus Methan und Sauerstoff entzündet (Verhältnis ungefähr 3 : 1).

EXPERIMENT
GASE 3b
Das Knallgas, das du durch Entzündung zur Explosion bringst, besteht aus 2 Teilen Wasserstoff und 1 Teil Sauerstoff.

EXPERIMENT
GASE 3c
Du findest 2 Kolben vor, die mit unterschiedlichen Gasen gefüllt sind. Ein brennender Holzspan wird in die Kolben gehalten und flammt im 1. Kolben richtig auf. Du weißt, dass hier Sauerstoff enthalten ist.

EXPERIMENT
OC 3a
Wenn Du „Emser Pastillen" mit Alkohol tränkst und dann entzündest, entwickelt sich eine lange schwarze Kohlenstoffschlange, die entsteht, da der verbrennende Zucker durch das Kohlendioxid aufgeschäumt wird.

EXPERIMENT
OC 3b
Du verbrennst Kerzenwachs und leitest das entstehende Gas in Kalkwasser – es trübt sich, weil bei der Verbrennung Kohlendioxid entsteht.

EXPERIMENT
OC 3c
Du stellst Seife her, indem du ein Speisefett, wie z. B. Palmin, mit Natronlauge kochst.

Autor: Andreas G. Harm • Molekültanz • Lernspiele für Chemie • Klasse 5–10

BLANKOKARTEN (3E)

Autor: Andreas G. Harm • Molekültanz • Lernspiele für Chemie • Klasse 5–10

JOKERKARTEN (4)

(2-mal pro Spielset kopieren)

JOKER

JOKER

JOKER

JOKER

JOKER

JOKER

JOKER

JOKER

JOKER

JOKER

JOKER

JOKER

Autor: Andreas G. Harm • Molekültanz • Lernspiele für Chemie • Klasse 5–10 • Foto: Shutterstock / Studio623

LÖSUNGEN WISSENSKARTEN (5A)

Frage-Nr.	Frage	Antwort
1	Es ist Winter und eine Glasscheibe beschlägt. Wie wird dieser Vorgang der Aggregatzustandsänderung genannt?	Kondensation
2	Nenne 2 persönliche Schutzmaßnahmen und 2 Sicherheitseinrichtungen im Chemieraum.	Schutzbrille, Schutzhandschuhe, Feuerlöscher, Not-Aus-Schalter, 1. Hilfe-Kasten, Augenbrause
3	Welches ist das häufigste Element im Weltall?	Wasserstoff (93 %)
4	Warum schwimmt Eis auf der Wasseroberfläche?	Eis hat eine geringere Dichte als flüssiges Wasser
5	Welchen pH-Wert besitzt eine neutrale Lösung?	7
6	Was ist eine Legierung?	verschiedene Metalle zusammengeschmolzen
7	Richtig oder Falsch? Der menschliche Körper strahlt radioaktiv.	Richtig! Pro Sekunde finden ca. 8–10 000 Kernzerfälle statt, weil über die Nahrung natürliche Stoffe wie Kalium-40 aufgenommen werden.
8	Durch welches Trennverfahren lassen sich Salze aus Meerwasser entfernen?	Destillation
9	Welches Gas entsteht, wenn Brause in Wasser geschüttet wird?	Kohlenstoffdioxid
10	Welches chemische Element haben alle Sulfide gemeinsam?	Schwefel
11	Worin unterscheidet sich die Chemie von der Physik?	In der Chemie geschieht eine Stoffumwandlung.
12	Durch welchen Stoff lässt sich allgemein eine chemische Reaktion beschleunigen?	durch einen Katalysator
13	Was geschieht energetisch gesehen bei einer exothermen Reaktion?	Energie wird frei.
14	Wird Eisenwolle schwerer oder leichter, wenn du sie entzündest?	schwerer (Reaktion mit Sauerstoff)

Autor: Andreas G. Harm • Molekültanz • Lernspiele für Chemie • Klasse 5–10

LÖSUNGEN WISSENSKARTEN (5B)

Frage-Nr.	Frage	Antwort
15	Welches Gas kannst du durch die Glimmspanprobe nachweisen?	Sauerstoff
16	Was kann man beobachten, wenn man Kohlendioxid in Kalkwasser leitet?	Das Kalkwasser trübt sich.
17	Nenne 4 Edelgase.	Helium, Neon, Argon, Krypton, Xenon, Radon
18	Was ist Trockeneis?	Kohlenstoffdioxid in festem Zustand
19	Welches der folgenden Metalle brennt auch unter Wasser?	Magnesium
20	Richtig oder falsch? Eine brennende Kerze erlischt in Wasserstoff.	Richtig!
21	Welche 2 Gase werden verwendet, um eine Rakete anzutreiben?	Wasserstoff und Sauerstoff
22	Wie wird ein Brand in einer Fritteuse am besten gelöscht?	Mit dem Deckel das Feuer abdecken
23	Richtig oder falsch? Eine Cola light Getränkedose schwimmt auf dem Wasser, eine reguläre Cola geht unter.	Richtig!
24	Wie nennt man eine chemische Reaktion, bei der Sauerstoff von einem Element aufgenommen wird?	Oxidation
25	Welches chemische Element ist Plumbum?	Blei
26	Wie wird Erdgas als chemische Verbindung genannt?	Methan
27	Aus welchem chemischen Element ist Ozon aufgebaut?	Sauerstoff

Autor: Andreas G. Harm • Molekültanz • Lernspiele für Chemie • Klasse 5–10

LÖSUNGSHILFEN EXPERIMENTIERKARTEN (6A)

Experiment	Notwendige Karten
GASE 2a	Metall – Säure
GASE 2b	Säure – Salz
GASE 2c	Gas – Gas oder Nichtmetall – Gas oder Nichtmetall – Nichtmetall
GASE 3a	Gas – Gas – Energie
GASE 3b	Gas – Gas – Energie
GASE 3c	Gas – Gas – Energie
GASE 4a	Wasser – Salz – Organische Verbindung – Gas
GASE 4c	Gas – Gas – Gas – Wasser oder Gas – Gas – Nichtmetall – Wasser
H_2O 2a	Wasser – Energie
H_2O 2b	Wasser – Salz
H_2O 2c	Wasser – Gas
H_2O 3a	Wasser – Metall – Energie
H_2O 3b	Salz – Salz – Wasser
H_2O 3c	Lebensmittel – Wasser – Salz
H_2O 4a	Wasser – Lauge – Metall – Salz
H_2O 4b	Wasser – Nichtmetall – Gas – Salz
LB 2a	Lebensmittel – Energie oder Organische Verbindung – Energie
LB 2b	Wasser – Salz
LB 2c	Lebensmittel – Energie
LB 3a	Salz – Lebensmittel – Energie oder Salz – Organische Verbindung – Energie
LB 3b	Lebensmittel – Lebensmittel – Energie
LB 3c	Lebensmittel – Lebensmittel – Energie
LB 4a	Salz – Lebensmittel – Säure – Lebensmittel oder Salz – Organische Verbindung – Säure – Lebensmittel
LB 4b	Wasser – Lebensmittel – Säure – Lebensmittel oder Wasser – Organische Verbindung – Säure – Lebensmittel

Autor: Andreas G. Harm • Molekültanz • Lernspiele für Chemie • Klasse 5–10

LÖSUNGSHILFEN EXPERIMENTIERKARTEN (6B)

Experiment	Notwendige Karten
OC 2a	Lebensmittel – Lebensmittel oder Organische Verbindung – Lebensmittel oder Organische Verbindung – Organische Verbindung
OC 2b	Organische Verbindung – Energie oder Lebensmittel – Energie
OC 2c	Organische Verbindung – Säure oder Organische Verbindung – Organische Verbindung
OC 3a	Salz – Lebensmittel – Energie oder Lebensmittel – Lebensmittel – Energie oder Salz – Organische Verbindung – Energie oder Lebensmittel – Organische Verbindung – Energie
OC 3b	Organische Verbindung – Gas – Lauge
OC 3c	Organische Verbindung – Lauge – Energie oder Lebensmittel – Lauge – Energie
OC 4a	Lebensmittel – Lebensmittel – Wasser – Lebensmittel oder Lebensmittel – Organische Verbindung – Wasser – Lebensmittel
OC 4b	Lebensmittel – Säure – Wasser – Salz oder Lebensmittel – Säure – Wasser – Salz
REDOX 2a	Metall – Metall
REDOX 2b	Metall – Gas oder Metall – Nichtmetall
REDOX 2c	Gas – Gas oder Gas – Nichtmetall oder Nichtmetall – Nichtmetall
REDOX 3a	Lebensmittel – Salz – Energie
REDOX 3b	Lebensmittel – Metall – Metall
REDOX 3c	Metall – Gas – Energie
REDOX 4a	Organische Verbindung – Wasser – Stickstoff – Energie
REDOX 4c	Metall – Metall – Wasser – Salz
S/L 2a	Säure – Lauge
S/L 2b	Metall – Salz
S/L 2c	Lebensmittel – Lauge
S/L 3a	Lauge – Gas – Wasser
S/L 3b	Lebensmittel – Säure – Salz
S/L 3c	Nichtmetall – Gas – Wasser oder Nichtmetall – Nichtmetall – Wasser
S/L 4b	Lebensmittel – Wasser – Salz – Säure oder Lebensmittel – Wasser – Lebensmittel – Säure oder Lebensmittel – Wasser – Lebensmittel – Lebensmittel
S/L 4c	Lebensmittel – Salz – Lauge – Lauge oder Organische Verbindung – Salz – Lauge – Lauge

Autor: Andreas G. Harm • Molekultanz • Lernspiele für Chemie • Klasse 5–10